ファインマン 経路積分の発見

ファインマン
経路積分の発見

ローリー・ブラウン 編
北原和夫／田中篤司 訳

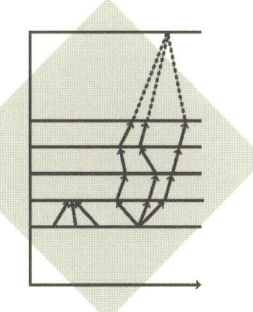

FEYNMAN'S THESIS
A New Approach to Quantum Theory

岩波書店

FEYNMAN'S THESIS
A New Approach to Quantum Theory
by Richard P. Feynman, edited by Laurie M. Brown
Copyright ©1942, 1970 by Richard P. Feynman

First published 2005 by World Scientific Publishing Co. Pte. Ltd., Singapore.
This Japanese edition published 2016
by Iwanami Shoten, Publishers, Tokyo
by arrangement with Michelle Feynman
c/o Melanie Jackson Agency, LLC, New York,
through Tuttle-Mori Agency, Inc., Tokyo

＃ 目　次

序(ローリー・ブラウン) …………………………………………… 1

量子力学における最小作用の原理 …………………………… 17
　　　　　　（R. P. ファインマン）

　　Ⅰ　序　論　17
　　Ⅱ　古典力学における最小作用　21
　　Ⅲ　量子力学における最小作用　37

付録1　非相対論的な量子力学への時空からのアプローチ ……… 77
　　　　　　　　　　　　　　　（R. P. ファインマン）

付録2　量子力学におけるラグランジアン ……………………… 117
　　　　　　　　（P. A. M. ディラック）

　訳者あとがき　127
　索　引　131

序

　リチャード・ファインマンが 1988 年に亡くなって以来ますます明らかになってきたことは，彼が，20 世紀のなかで最も才能を持ち独創的な理論物理学者の一人だったことである[1]．1965 年のノーベル物理学賞はジュリアン・シュウィンガー(Julian Schwinger)と朝永振一郎との共同受賞で，量子電磁気学(QED)の繰り込み理論について，それぞれが独立になした先駆的業績に与えられた．ファインマンは，彼の博士論文での仕事を土台として，無意味な発散を持たない一貫した QED の定式化を構築した．この博士論文は 1942 年にプリンストン大学に提出されたものであり，本書は，この論文を出版する最初の機会である．

　ファインマンによる量子力学への新しいアプローチは最小作用の原理を用い，量子電磁気学の諸過程を極めて正確に計算する方法を導くものであり，それらの結果は実験で詳細に検証された．これらの方法のよりどころは，かの有名な"ファインマン図形"である．これはもともと経路積分から導かれたものであり，多くの論文や教科書において紙幅が割かれている．ファインマン図形とこれに基礎を置く繰り込みの手続きは QED に最初は適用され，他の量子場の理論でも主要な役割を果たした．これは量子重力や現在の素粒子物理学の"標準模型"にもあてはまる．後者の理論は，繰り込み可能な非アーベル的ヤン–ミルズ場を通じてクオークやレプトンが相互作用する状況(電弱相互作用のゲージ場や色グルーオン場)と関係する．

　ファインマン経路積分とファインマン図形の方法は数理物理学における重要で一般的な技法であり，量子場の理論以外にも多くの応用がある：原子や分子の散乱，凝縮系物理学，統計物理学，量子液体や量子固体，ブラウン

---

[1] ハンス・ベーテ(Hans Bethe)によるファインマンの追悼 [*Nature* **332** (1988) p. 588] は次のように始まる：「ファインマンは第二次世界大戦以降で最も偉大であり，私の思うところでは，最も独創的な物理学者である．」

運動や雑音などである[2]．物理学のこれら多岐に渡る分野での有用性に加えて，経路積分の方法は量子論について新しい基礎的な理解をもたらす．ディラック(Dirac)は変換理論において表面的には異なる二つの定式化の相補性を示した：これらの定式化とは，ハイゼンベルク，ボルン，ヨルダン(Heisenberg, Born, Jordan)による行列力学と，ドブロイ(de Broglie)とシュレーディンガー(Schrödinger)の波動力学である．これと独立な，ファインマンによる経路積分の理論はディラックの演算子やシュレーディンガーの波動関数について新たな洞察をもたらし，また量子論についての，今もなお多少得体が知れない解釈に対して新たなアプローチを促すものである．ファインマンは，すぐに実用的な利点がない場合であっても，古い問題に対して新しい方法でアプローチすることの価値を強調することを好んだ．

電磁場についての初期の考え

ファインマンは1918年5月11日にニューヨーク市で生まれ，ここで成長し学校教育を受けた．その後，マサチューセッツ工科大学(MIT)で学部教育を受け1939年に卒業した．彼は数学の優れた腕前を認められた抜きんでた学生ではあったがジュリアン・シュウィンガーのような神童ではなかった．シュウィンガーはファインマンと同時代のニューヨーク市民であり，同じ年に生まれ，1939年にコロンビア大学から物理学の博士号を授与されたときすでに15篇の論文を出版していた．ファインマンはMITで2篇の論文を出版した．この中にはジョン・C. スレーター(John C. Slater)に指導を受けた卒業論文である "分子の中の力と応力" (Forces and Stresses in Molecules)が含まれる．この論文で，彼は分子物理と固体物理の極めて重要な定理を証明した．この定理は今日ではヘルマン(Hellmann)–ファインマンの定理として知られている[3]．

---

2) これらの話題の幾つかは，ファインマン，ヒッブス『量子力学と経路積分』北原和夫訳(みすず書房，1995年)(原書は R. P. Feynman and A. R. Hibbs, *Quantum Mechanics and Path Integrals* (McGraw-Hill, Massachusetts, 1965))で扱われている．M. C. Gutzwiller, "Resource Letter ICQM-1: The Interplay Between Classical and Quantum Mechanics", *Am. J. Phys.* **66** (1998) pp. 304-324 も参照．その中の，項目 71-73 および 158-168 が経路積分に関する話題．

MITでファインマンはまだ学部生だったが，ノーベル賞受賞講演で語られているように，このとき電磁相互作用，特に電荷とそれ自身の作る電磁場との自己相互作用について相当に深く考察していた．この相互作用により，点電荷が無限大の質量を持つことが予言される．この都合の悪い結果を古典力学で避けるには，質量を計算しないことにするか，あるいは電子が空間的に広がるとする理論を作るかのどちらかである．後者では相対論的な物理的状況で困難が生じる．

しかしながら，どちらの解決法も QED では受けいれることができない．なぜなら広がった電子は非局所的な相互作用を誘発し，無限に重い点の質量は他に悪影響を及ぼすからだ．一例は，原子のエネルギー準位差を高精度で計算する場合である．MIT でファインマンはこの問題の簡単な解決法を見つけたと考えた：電子は自分自身が作る電磁場とは相互作用しないと考えるのはどうだろうか？ ファインマンはこの考えを携え大学院での研究をプリンストン大学で始めた．この考えの説明がノーベル賞講演にある[4]：

> さて，粒子が自分自身と相互作用するという考えが必要だと限らないことは，私にとって極めて自明なことに見えました．実のところ，この考えはばかげてます．そこで，電子が自身には相互作用できないとする考えを思い浮かべてみました；電子は他の電子とだけ相互作用できると考えてみるのです．これが意味することは，電磁場はまったく存在しないとすることです．電荷同士には直接的な相互作用だけが存在し，この相互作用には時間的な遅れがあるのです．

この型の新しい古典電磁場の理論は点電子の無限の自己エネルギーの困難を

---

[3] L. M. Brown (ed.), *Selected Papaers of Richard Feynman, with Commentary* (World Scientific, Singapore, 2000), 3 ページ．この論文集（以下 SP と呼ぶ）はファインマンの研究の完全な文献一覧を含む．（訳注）SP に収録されているのは卒業論文を元にした論文 [R. P. Feynman, *Phys. Rev.* **56** (1939) p. 340] である．

[4] R. P. ファインマン「量子電磁気学に対する時空全局的観点の発展」(『物理法則はいかにして発見されたか』江沢洋訳(岩波現代文庫，2001 年)第二部，特に 283-284 ページ)．原文は SP, 9-32 ページ．特に 10 ページ目．あるいはノーベル賞公式サイト(http://www.nobelprize.org/nobel_prizes/physics/laureates/1965/feynman-lecture.html)で閲覧可能．

防ぐ．極めて有用な概念である電磁場は，基本的なものとはみなされないが，補助的な概念として残すことができる．この新しい理論を量子化する場合，現在の QED の致命的な問題を除去することも期待された．しかし，時間遅れを持つ遠隔相互作用の理論に大きな困難があることをファインマンはまもなく理解した：すなわち，もし原子やアンテナ中で電磁場を輻射する電子が，輻射を受ける電磁場からまったく影響を受けなければ，その反動も起きないのでエネルギー保存則を破ることになる．このため，何らかの形の輻射相互作用が必要なのだ．

ホイーラー–ファインマン理論

この問題をプリンストンで解決しようと，ファインマンは後に彼の博士論文指導教員となる若き准教授のジョン・ホイーラー（John Wheeler）に相談した．特に，二つの電荷の相互作用として，最初の電荷が放出する輻射を，第二の電荷が吸収することで加速を受け，さらにこのため第二の電荷が放出する輻射が最初の電荷に影響を与えるといったことがそもそも可能かどうかを尋ねた．ホイーラーは，そのような効果は起き得るが光が二つの粒子のあいだを往復するのに必要な時間だけの遅れを伴うと指摘した．これは瞬時に伝わる輻射相互作用の力とはなり得ない．また，このような力は大変弱いはずだとも指摘した．ファインマンが提案したものは輻射的な相互作用ではなく，光の反射だったのだ！

しかしながらホイーラーは困難から抜けだす方法を提案した．まず，完全に吸収的な宇宙は，ブラインドの下りた部屋のようなもので，そこでいつも輻射が起きると仮定できる．次に，因果律の原理によれば測定可能なすべての結果は原因よりも後に起きるにもかかわらず，電磁場についてのマクスウェル方程式は通常適用されるもの以外にも輻射的な解があり，この解は光が有限速度のために遅れを持つ．さらに同じ時間の分だけ先に進んだ効果を持つような解もある．遅延解と先進解の線形結合も使うことができる．ホイーラーがファインマンに頼んだことは，何か適当な線形結合がここで必要な瞬時に伝わる輻射相互作用を，吸収のある宇宙で提供するかどうかを調べることであった．

ファインマンはホイーラーの示唆について調べた．吸収のある宇宙での半分

の先進解と半分の遅延解を合成したものが，実際に，電子の自己場が放出する純粋に遅延的な輻射による輻射相互作用の結果を，完全に模倣することを見いだした．相互作用の先進的な部分は吸収側の電子の応答を引きおこし，源でのそれらの効果(を吸収体全体で足しあわせたもの)が適切な時刻に到達し，適切な強度で必要とする相互作用力を与え，電子とそれ自身の輻射場の直接の相互作用を必要としない．さらに，先進的な輻射を取り込んでも因果律が明示的には破れていない．ホイーラーとファインマンはこの美しい理論をさらに探求し，レビューズ・オブ・モダンフィジックス誌(Reviews of Modern Physics, RMP)に1945年と1949年に論文を掲載した[5]．これらの論文の最初のものでは，輻射相互作用に関する重要な結果について4種類以上の異なる証明が示されている．

ホイーラー–ファインマン理論の量子化(ファインマンの博士論文)
―― 量子力学における最小作用の原理

電磁相互作用を遠隔相互作用として考える古典論では，電磁場を補助的な仕掛けとしてのみ使い，電磁場を自由度としては含まないものである．この場合，対応する量子論をどのようにして作るかが問題になる．相互作用する古典粒子系を論じるには，ハミルトンとラグランジュが発展させた解析的な手法がすぐに適用できる．これは一般化座標や対応する正準変換と最小作用の原理を用いるものである[6]．ハイゼンベルク，シュレーディンガーとディラックによる量子力学の元々の形式では，ハミルトン形式とその諸結果，特にポアソン括弧を使う．電磁場を量子化するには，フーリエ変換を使ってこれを横方向，縦方向，および時間方向の偏極を持つ平面波の重ね合わせで表現する．ある与えられた場は，数学的には調和振動子の集団と等価のものとして表現される．すると，相互作用する粒子の系は粒子と場とそれらの相互作用を表す3項のハ

---

[5] *SP*, 34-50ページおよび60-68ページに掲載．第二論文は，両著者の共同研究を基にして，実際にはホイーラーによって書かれたものである．これらの論文では，H. Tetrode, W. Ritzおよび G. N. Lewis が独立に吸収体の考えを先行させていたことが述べられている．

[6] 解析力学の歴史について素晴らしい説明が W. Yourgrau and S. Mandelstam, *Variational Principles in Dynamics and Quantum Theory* (Saunders, Philadelphia, 3rd, 1968)にて与えられている．

ミルトニアンで記述される．量子化の手続きは，これらの項をハミルトニアン**演算子**とみなすことと，電磁場のハミルトニアンを量子化された調和振動子の無限個の適当な集団で書き下すことである．縦方向と時間方向の振動子の組合せから粒子の(瞬時に伝わる)クーロン相互作用が得られることが示されているが，横方向の振動子は光子と等価である．この方法や，ハイゼンベルクとパウリ(1929年)が用いたより一般的な方法はボーアの対応原理にその基礎を置くものである．

しかしながら，ハミルトニアンを利用した方法はどんなものであれホイーラー–ファインマン理論には使えない．主要な理由は相互作用の半分が先進的で，また半分が遅延的なものだからである．ハミルトニアンの方法は与えられた時刻での粒子と電磁場の状態を表現し，これらを追跡する．新しい理論では場の変数はなく，あらゆる輻射過程は未来および過去からの寄与に依存するのだ！　全体の過程を最初から最後まで考慮しなければならない．粒子系について知られているこの種の古典的な方法は最小作用の原理を使う．ファインマンの博士論文の課題はこの方法を発展させ一般化し，ホイーラー–ファインマン理論(作用を持つがハミルトニアンのない理論の一つ)の定式化に適用できるようにすることであった．もしうまく行けば，ファインマンは新しい理論を量子化する方法を見つけようと試みることになっていた[7]．

博士論文の紹介

動機付けの説明と論文の構成を述べつつ，ファインマンは導入部で(まだ公刊されていない)上述の，遅れのある遠隔相互作用理論の主な特徴を述べた．ここには，「自然界での基本的な(微視的な)現象は過去と未来の交換について対称である」とする仮説が含まれる．ファインマンの主張は「このことから，相互作用を計算するのに使うマクスウェル方程式の解は，リエナール(Lienard)とウィーヘルト(Wiechert)による遅延解の半分と先進解の半分との和でなければならない」．これは因果律に矛盾するように見えるのだが，ファ

---

[7] ファインマンの博士論文を含む関連した議論として次の論文も参照のこと．S. S. Schweber, *QED and the Men Who Made It: Dyson, Feynman, Schwinger and Tomonaga* (Princeton University Press, Princeton, 1994). 特に389–397 ページ．

インマンは理論の原則としてこう述べた：「実際のところ，その帰結は電磁気学の通常の結果と本質的に合致する．また同時に点電荷の一貫した記述を可能にし，輻射減衰の独特な法則が得られる……．これらの原理が最小作用の原理の帰結となる運動方程式と等価だと示されたのだ」．

励起原子の自発減衰と光子の存在を説明することは，この観点と矛盾するように思われる．しかし，ファインマンは次のように論じた：「何もない空間に孤立した原子は，実は輻射を起こさない……さらに光の見かけ上の量子的な特性すべてと光子の存在は，物質同士が直接量子力学の法則に従って相互作用することの帰結にすぎないかもしれない」．

二つの重要な点を挙げて，博士論文の導入部が締めくくられる．まず，ホイーラー–ファインマン理論は明瞭にその動機を与えるものである．しかし，「ここで強調したいのだが，……ここに記された研究は電磁気学への応用がなくとも完結したものである……．この博士論文で重要な課題は，古典的に類似する系が最小作用の原理で表現でき，しかもハミルトン方程式で表現できるとは限らない系について，量子力学的な記述を見いだすことだと考えるべきである」と．第二の点は「すべての解析は非相対論的な系に適用される．相対論的な場合への一般化は現在知られていない」である．

古典力学の一般化

博士論文の第II章では汎関数と汎関数微分の理論が論じられ，古典力学の最小作用の原理が一般化される．古典調和振動子(電磁場と類似する系)を媒介して粒子が相互作用する特別な例にこの方法を適用することで，どのようにして振動子の座標が消去され，さらにどのようにして相互作用での振動子の役割が粒子の直接的な遅延相互作用に置き換わるかをファインマンは示した．消去の手続きの前には，振動子と粒子から成る系はハミルトニアンを持つのだが，その手続き後に粒子が直接の相互作用を持つ場合，ハミルトニアンを用いた定式化は不可能である．しかしながら，運動方程式は最小作用の原理から導出できるのである．この実例は，博士論文最後の第III章で展開される量子化された理論で，同様の手続きを実行する準備である．

古典力学では，作用は

$$S = \int L(q(t), \dot{q}(t)) dt$$

で与えられる．ここで L は一般化座標 $q(t)$ および一般化速度 $\dot{q}=dq/dt$ の関数で，積分区間は最初の時刻 t_0 と最後の時刻 t_1 の間で，初期時刻と終時刻において q の集合が割り当てられた値を取る．作用は粒子の取る経路 $q(t)$ に依存し，それゆえ経路の汎関数である．**最小作用の原理**は，終点を固定した上での経路の「小さな」変化に対し作用 S が極値を取ることである．なおほとんどの場合，極値は極小である．その等価な言明は，S の汎関数微分がゼロということである．通常の扱いでは，この原理はラグランジュ方程式やハミルトン方程式を導く．

粒子(恐らく原子)が鏡によって先進波と遅延波を通じて自分自身と相互作用する場合について，いかにしてこの原理が一般化できるかをファインマンは説明する．$k^2 \dot{x}(t)\dot{x}(t+T)$ の形の相互作用項が作用積分の粒子のラグランジアンに加えられる．ここで T は光が鏡に当たって粒子に戻るために要する時間(近似として作用積分の積分区間は正負の無限大にとる)．作用積分の変分をゼロにすると，簡単な計算から粒子の運動方程式が導かれる．ここからわかることは，時刻 t で粒子にかかる力は，時刻 t, $t-T$, $t+T$ での粒子の運動に依存することである．ここから「運動方程式は直接ハミルトニアンを使って書くことはできない」とファインマンは気づいたのである．

この簡単な例題の後で，エネルギーを含む通常の運動の定数が存在することを保証するのに必要な条件を論じる節がある．その後，論文は振動子を媒介して相互作用する粒子のより複雑な場合を扱う．振動子を消去して遅延した直接的な遠隔相互作用を得る方法が示される．興味深いことに，作用汎関数をうまく選ぶと，粒子は自己相互作用を持つこともあれば，持たない場合もある．

古典的なホイーラー–ファインマン理論を定式化する途中であったが，ファインマンは博士論文とその後の研究で完成させた量子化を特徴づける，時空全体を扱う方法をすでに適用し始めていた．その事情を彼のノーベル賞講演から引用する[8][*1]：

---

[8] 脚注 4 文献 296-298 ページ．原文は SP, 16 ページ目．
[*1] (訳注) 原書に従い，一部を省いて引用した．

このころには，より習慣的な観点とは異なる物理的観点に私は慣れ始めていた．習慣的な観点では，物事は時間の関数として極めて詳細に論じられる．例えば，ある瞬間の電磁場がわかると，微分方程式から次の瞬間の電磁場がわかり，これを繰り返す．これは，ハミルトニアンの方法と呼ばれ，時間微分を使う手法である．代わりにここでは時空全体に渡る経路の特性を記述する方法を使う．自然の振る舞いは，その時空経路全体がある特性を持つということで決定される．（先進項や遅延項のある）古典作用に対応する運動方程式はもはや，ハミルトニアンの形式に簡単には戻せない．もし粒子の座標だけを変数として使うなら経路の特性を論じることはできる．しかし，ある粒子のある時刻の軌跡は別の時刻の別の粒子の経路に影響される……．それゆえ，粒子が過去にしたことを追跡するには，これを覚えておくための変数がたくさん必要である．これらは場の変数と呼ばれる……．ハミルトニアンの方法では，電磁場は過去にあったことを覚えておくにすぎない変数として残っていたのだが，最小作用の原理での時空全体の観点では，電磁場は姿を消すのである．

ファインマンが彼の経歴の中で成しとげた理論物理への重要な寄与の中で，ハイゼンベルク，シュレーディンガー，ディラックの仕事を補うものである量子力学の再定式化が恐らく最も価値のあるものだろう[9]．相対論的な場合に一般化し量子化された電磁場を取り込んだ場合，これはファインマンによるQED（量子電磁気学）の基礎である．このQEDは理論物理学で現在用いられるものであり，素粒子論の標準模型で用いられるゲージ理論の発展にとって重要なものであった[10]．

---

[9] 作用原理によるアプローチは後にジュリアン・シュウィンガーによっても取り入れられた．これらの定式化の議論について，YourgrauとMandelstamは次のように言及している：「とりわけファインマンの原理は，数学を自由自在に使っていながらも，規範的なほどに巧みで優雅に量子力学の法則を表現している．このことは誰の目にも明らかであり，決して誇張ではない．彼の方法はシュウィンガーの原理と容易に関連付けられる．シュウィンガーの原理はより親しみやすい数学を使っていて，その定理は単にファインマンのものを微分を使った記法にそのまま翻訳しただけである．」（注6のYourgrau and Mandelstamの本128ページからの引用．）

量子力学と最小作用の原理

博士論文最後の第 III 章は，1949 年の RMP 論文[11]とともに量子力学の新しい形式を示すものである．博士論文のコピー請求への返答で，ファインマンは残部がないと答え，代わりに RMP 論文のリプリントを送り，それらの違いを説明した[12]：

> この論文には博士論文の内容のほとんどが含まれている．博士論文では，これに加え，エネルギーや運動量のような運動の定数と作用汎関数の変換不変性との関係を議論した．また，RMP 論文にあるようなものよりも，より一般的な汎関数に適用できる量子力学のあり得る一般化をより十分に議論した．最後に，調和振動子を媒介として相互作用する系の特性をより詳細に論じた．

この博士論文第 III 章の導入部では量子力学の通常の定式化についてのディラックの古典的な扱いに触れている[13]．

一方で，ファインマンはハミルトニアンを持たない古典系について「量子化の満足な方法が与えられてこなかった」と述べている．それゆえファインマンは最小作用の原理を基にして，量子化の方法を与えようとする．そしてこの方法は次の二つの基準を満たすことを示す：まず，$\hbar$ がゼロに近づく極限では，導出された量子力学の方程式が古典論の方程式に近づくことである．これは，

---

10) ファインマンの最初の動機となったのはホイーラー–ファインマン理論の量子化(つまり，電磁場のない量子電磁気学)であった．しかし，これは真空偏極と呼ばれる，実験で観測される現象を扱えないことが後にわかった．ゆえにファインマンはホイーラーへの手紙(1951 年 5 月 4 日)でこう記した：「電子が他の電子にのみ作用する仮定の正しさには異を唱えたいです……．1941 年にした推測は間違っていると思います．同意していただけますか？」

11) R. P. ファインマン「非相対論的な量子力学への時空からのアプローチ」(本書収録)．原文の R. P. Feynman, "Space-time approach to non-relativistic quantum mechanics", *Rev. Mod. Phys.* **20** (1948) pp. 367-387 は原書の付録として収録されている．また，*SP* の 177-197 ページにもある．

12) J. G. Valatin への手紙(1949 年 5 月 11 日付)．

13) ディラック『量子力學(原書第 4 版)』朝永振一郎ほか訳(岩波書店，1968 年)．ファインマンが触れた点については，より以前の版にもほぼ同様の内容のものが含まれている．

上で考察した一般化を含む．次に，古典的に類似する系がハミルトニアンを持つような系については，その結果が通常の量子力学と完全に等価なことだ．

次の節「量子力学におけるラグランジアン」はディラックの1933年の論文[14]と同じタイトルである．そこでディラックは，系の座標qと運動量pの関数である古典的なハミルトニアンを基にした量子力学について別の説明を与えている．ラグランジアンは位置と速度の関数であり，より基本的なものだと注意する．なぜなら，これが定める古典作用は相対論的に不変であり，さらには最小作用の原理を論じる手段を与えるからだ．その上，ラグランジアンは「正準変換の理論と密接に繋がっている」．正準変換は量子力学では重要な類似概念がある．これは，変換関数$(q_t|q_T)$である．この行列は時刻Tでの変数qで対角的な表示と，時刻tでの変数qで対角的な表示とを結ぶ．この論文でディラックは$(q_t|q_T)$が量$A(tT)$と「対応する」と述べた．$A(tT)$の定義は

$$A(tT) = \exp\left[i\int_T^t L dt/\hbar\right].$$

少し後では，$A(tT)$が「$(q_t|q_T)$の古典的な類似の概念だ」と記している．

ヘルベルト・ジェール(Herbert Jehle)が1941年にプリンストンを訪問したときにディラックの論文をファインマンに教えると，これが必要な手掛りであることを彼はすぐに理解した．それはハミルトニアンを持たない古典系を量子化するのに使うことのできる最小作用の原理から出発することである．ディラックの論文では$\hbar$がゼロに近づく古典極限の条件が満たされると論じたが，このことをファインマンは博士論文ではっきりと示した．時間間隔t–Tを多数の短時間の要素に分け，ある時刻から次の時刻への一連の変換を考察した：

$$(q_t|q_T) = \iint \cdots \int (q_t|q_m)\,dq_m\,(q_m|q_{m-1})\,dq_{m-1}\cdots (q_2|q_1)\,dq_1\,(q_1|q_T).$$

変換関数が$A(tT)$のような形を取るならば，$\hbar$が小さいときに被積分関数は激しく振動し，指数関数の位相を停留的にするような経路$(q_T, q_1, q_2, \ldots, q_t)$がかなりの寄与を与える．極限では作用を極小にする，つまり$\delta S=0$を満た

---

14) P. A. M. ディラック「量子力学におけるラグランジアン」(本書収録)．原文の P. A. M. Dirac, *Physikalische Zeitschrift der Sowjetunion*, **3** (1933) pp. 64-72 は原書の付録として収録されている．この内容を論じる上で，博士論文にはディラック『量子力學(原書第4版)』§32 に相当する箇所からの長い引用がある．

す経路だけが許される[*2]．ここで，

$$S = \int_T^t L dt.$$

極めて短い時間間隔 ε について，変換関数の形は

$$A(t, t+\varepsilon) = \exp iL\varepsilon/\hbar$$

である．ここで $L=L((Q-q)/\varepsilon, Q)$，また $q=q_t$ および $Q=q_{t+\varepsilon}$ とおいた．変換関数を波動関数 $\psi(q,t)$ に適用し，$\psi(Q, t+\varepsilon)$ を計算し，ここで出てくる積分方程式を ε の一次で展開することで，ファインマンはシュレーディンガー方程式を得た．この導出はラグランジアンが速度について高々二次の項を含む場合に正しい．このようにして，彼は二つの大事な点を示した．第一に，この導出が示すことは，古典的なラグランジアンからハミルトニアンが導出できるような系では，量子力学の通常の結果が導かれることである．第二に，ディラックの $A(tT)$ が $(q_t|q_T)$ と単に類似するだけではなく，短い時間 ε については，規格化因子を除き等しいことを彼は示した．1次元問題では，この規格化因子は $N=\sqrt{2\pi i\varepsilon\hbar/m}$ である．

この手法は量子力学のファインマン経路積分の定式化を得るのに極めて強力な方法であることがわかった．その後の彼の思考と成果の多くがこの定式化に依拠する．無限小変換を順次適用することによって，例えば時刻 T から t までという有限の時間間隔での波動関数の変換が得られる．指数部のラグランジアンは ε の一次で近似でき，帰納法から，

$$\psi(Q,T) \cong \iint \cdots \int \exp\left\{\frac{i}{\hbar}\sum_{i=0}^m \left[L\left(\frac{q_{i+1}-q_i}{t_{i+1}-t_i}, q_{i+1}\right)(t_{i+1}-t_i)\right]\right\}$$
$$\times \psi(q_0, t_0) \frac{\sqrt{g_0}dq_0 \cdots \sqrt{g_m}dq_m}{N(t_1-t_0)\cdots N(T-t_m)}$$

である．ここで，$Q=q_{m+1}$，$T=t_{m+1}$，また，N は（それぞれの q についての）上で触れた規格化因子である．ε がゼロの極限で，右辺は $\psi(Q,T)$ と等しい．ファインマンはこう述べている：「指数部の和は $\int_{t_0}^T L(q,\dot{q})dt$ の積分をリーマ

[*2]（訳注）一般には作用を極大にする経路も同様に寄与し得る．例えば，L. S. シュルマン『ファインマン経路積分』高塚和夫訳（講談社，1995 年）12 章参照．

ン和にしたものと似ている．同様にして $\psi(q_0, t_0)$ を後の時刻の波動関数を用いて表すこともできる」．

　それぞれの t_i に対する一連の q は，極限では系の経路を定め，それぞれの q_i が取ることのできる範囲すべてで積分を実行する．言い換えると，この多重積分はすべての可能な経路について積分する．それぞれの経路は連続だが，一般的には微分できないことを注意する．

　$\psi(Q,T)$ についての上の表式のように経路積分の考えを使って，ファインマンは与えられた時刻 t_0 での表式として $\langle f(q_0)\rangle = \langle \chi | f(q_0) | \Psi \rangle$ のようなものを考察した．これは χ と Ψ が異なる波動関数ならば量子力学での行列要素を表し，同じなら（つまり $\chi = \Psi^*$ なら）期待値を表す．経路積分は波動関数 $\psi(q_0, t_0)$ をより以前の時刻と結びつけ，波動関数 $\chi(q_0, t_0)$ を後の時刻と結びつける．これらの時刻はそれぞれ遠い過去と未来であるとする．$\langle f(q_0)\rangle$ を ε だけ離れた二つの時刻で書き，ε をゼロに近づけることで，$\langle f(q_t)\rangle$ の時間微分の計算の仕方をファインマンは示した．

　博士論文の次の節では，一連の時刻 t_i での q の値に依存する汎関数 $F(q_i)$ を使って，経路積分から量子的なラグランジュ方程式を導出した．これらの式と，$pq - qp = \hbar/i$ のような q 数の式との関係を示し，ハミルトニアンが存在する場合のラグランジュ形式とハミルトン形式の関係を議論した．例えば，よく知られた結果である $HF - FH = (\hbar/i)\dot{F}$ が導出された．

　古典論の議論の場合と同様に，ファインマンはこの形式をより一般の作用汎関数に拡張した．最初は単純な例として「ポテンシャル $V(x)$ 下の粒子が，半分は先進的で半分は遅延的な波を通じて鏡の中の自分自身と相互作用する場合」を調べた．直接の困難は，この系のラグランジアンが二つの時刻を含むことである．結果として，有限区間の時刻 T_1 から T_2 までの作用汎関数は無意味となる．なぜなら「作用はこの範囲外での $x(t)$ の値に依存するかもしれない」からだ．この困難を回避するには，T_2 以降および T_1 以前では，形式的に相互作用が消えるとすればよい．すると，積分区間以外の時刻で粒子は相互作用を実質的に持たず，そのため波動関数が端点で定義できる．この仮定を使うことで，以前の汎関数や演算子に関する議論をより一般的な作用汎関数の場合に適用できる．

しかしながら，波動関数あるいは他の波動関数に類似するものが一般化されたラグランジアンの系に存在するか否かは博士論文では解決されなかった(恐らくこれまで解決されていない)．ファインマンは量子力学の多くについて，期待値と遷移振幅*3で論じることができることを示したが，結局，極めて有用な概念である波動関数を放棄できるか否か(また，もし放棄できるとしても，恐らくそうしない方がよい)といった点については明瞭さとはほど遠い．博士論文の後半部分では，波動関数の問題，エネルギーの保存，遷移確率振幅の計算と摂動論展開を含む事柄に多くのページが割かれた．

これらの話題はここでは論じずに，博士論文の最後の部分に移る．ここは強制調和振動子の計算だった．この問題の経路積分での解を基にして，振動子を媒介として相互作用する粒子を導入し，結局のところ振動子(つまり，「電磁場の変数」)は完全に消去される．ファインマンが指摘したように，エンリコ・フェルミ(Enrico Fermi)は電磁場を調和振動子の集団として表現する方法を導入し，縦偏極と時間的な偏極の振動を消去して即時的なクーロンポテンシャルを導出した[15]．博士論文の元々の目的は**振動子をすべて**(つまり電磁場を)消去し，ホイーラーとファインマンの遠隔相互作用理論を量子化することであった．一方，すべての振動子を消去することは，純粋に遅延的な相互作用を持つ場の理論で極めて有用であり，実は，時空全体の観点，経路積分，最後にはファインマン図形および繰り込みへと導くものであることがわかったのである．

一般化された作用の記号 S を使って強制振動子をどのようにファインマンが扱ったかをごく簡単に見てみよう．彼は次のように書いている：

$$S = S_0 + \int dt \left\{ \frac{m\dot{x}^2}{2} - \frac{m\omega^2 x^2}{2} + \gamma(t)x \right\}$$

ここで S_0 は振動子 $[x(t)]$ と他の粒子も含む作用で，$\gamma(t)x$ は振動子と系の残

---

*3 (訳注) 博士論文では，遷移振幅の表式は導入されたが，それには名前が付けられていない．なお該当の節は「遷移確率」と題されている．

15) この文脈中でファインマンが挙げたのは，影響の大きな論文 E. Fermi, "Quantum theory of Radiation", *Rev. Mod. Phys.* **4** (1932) pp. 87-132．この論文では，問題とする結果は成立すると仮定されている．その証明はより以前の論文にある：E. Fermi, "Sopra l'electrodynamica quantistica", *Rendiconti della R. Accademia Nazionali dei Lincei* **9** (1929) pp. 881-887.

りの部分の粒子との相互作用である．もし $\gamma(t)$ が時間の簡単な関数であれば（例えば $\cos\omega_1 t$）振動子に印加された力を表現するものである．しかしながら，より一般的には別の量子系と相互作用する振動子を扱っていて，$\gamma(t)$ はその系の座標の汎関数である．作用 $S-S_0$ は $x(t)$ について二次および線形に依存するので，系の初期時刻 0 から最後の時刻 T までの遷移振幅を計算するとき，振動子の経路全体についての経路積分を計算することができる．$x(0)=x$ と $x(T)=x'$ について，得られた関数を $G_\gamma(x, x'; T)$ とファインマンは記し，最後に遷移振幅の公式を得た：

$$\langle \chi_T | 1 | \psi_0 \rangle_S = \int \chi_T(Q_m, x) e^{\frac{i}{\hbar} S_0[\cdots Q_i \cdots]} G_\gamma(x, x'; T) \psi_0(Q_0, x')$$
$$\times dx dx' \frac{\sqrt{g}\, dQ_m \cdots \sqrt{g}\, dQ_0}{N_m \cdots N_1}.$$

ここで，Q は振動子以外の系の座標．

粒子の相互作用を媒介する振動子に条件 $x(0)=\alpha$ と $x(T)=\beta$ を課した問題に，ファインマンは最後に出てきた表式を適用した．この結果，（遷移振幅のような）粒子の座標のみを含む汎関数の期待値が，定数 α と β を除き，振動子の座標を含まない作用で計算できることが示された[16]．このことは，問題の動力学から振動子を消去するのである．振動子についての，いくつかの他の初期条件や終条件が同様の結果をもたらすことが示された．「結論」と題された短い節で博士論文が完結した．

ローリー・M. ブラウン(Laurie M. Brown)

2005 年 4 月

編者(LMB)は入力原稿の編集と数式の確認で，David Kiang 博士から貴重な助力を得た．これに感謝する．

---

[16] 元々の博士論文では末尾に置かれた要旨（原書および和訳では冒頭にある）では，相互作用する二つの系についての結論は次のようにまとめられている：「古典力学と同様に量子力学では振動子を完全に消去できる場合がある．このとき二つの系の相互作用は直接的だが，一般に瞬時には伝わらない．」

量子力学における最小作用の原理

リチャード・P. ファインマン

要旨

量子力学の一般化として，古典力学の作用積分に類似する対象を主要な数学的概念に据えたものを示す．それゆえ，これは運動方程式がハミルトン形式にはできない系にも適用できる．必要なことは最小作用の原理が何らかの形で使えるということだけである．

古典作用が位置と速度の関数の時間積分ならば(つまり，ラグランジアンが存在するなら)，この一般化は普段使われる形式の量子力学と同じになる．古典極限では，量子論での方程式は同じ作用積分を用いた古典的な方程式に移行する．

特別な問題として，二つの系が調和振動子を媒介して相互作用する場合を詳細に論じる．これは電磁気学への応用のためであり，また，この問題の結果を通じてここで提案する一般化を確かめるためでもある．古典力学と同様に量子力学では振動子を完全に消去できる場合がある．このとき二つの系の相互作用は直接的だが，一般に瞬時には伝わらない．

この論文では非相対論的な場合のみ論じる．

I 序論

プランク(Planck)の1900年における光の量子性の発見は，量子力学の方法の形成を通じ物質の特性と振舞いについて極めて深い理解をもたらすものであった．しかしながら，この方法の光と電磁場への適用は極めて困難であり十分な解決には至っていない．このためプランクの結果には一貫性のある基礎的な解釈がないままである[1]．

よく知られたことだが，これまでの量子電磁気学には困難がある．これを文字通りに受け止めると，実験では明らかに有限値を取る多くの物理量が無限大に発散する．一例は，原子と場の相互作用によるエネルギースペクトルの変化である．マクスウェルとローレンツの古典場の理論を出発点として量子電磁気学が論じられる．しかしながら，量子電磁気学は電子の内部構造に関する古典論の考えを引き継ぐものではない．この考えは電子の慣性モーメントなどを有限の値にするために古典論では重要なものであった．ディラック(Dirac)による電子の量子的性質の研究は，スピンや磁気モーメントのような性質，そして陽電子の存在について大変うまい解釈を与えている．このため，電子にさらに内部構造を加える必要があるとは考えにくい．

これゆえに，満足のいく量子電磁気学を構築できるようになる前提として，内部構造を持たない電荷を記述する古典論を構築することの必要性がますます明白となってきている．多くの点は解決されているものの，この博士論文に係るものとして1941年のホイーラー(J. A. Wheeler)と筆者による遠隔相互作用の理論を取りあげる[2]．

この新しい観点では，電磁的相互作用を粒子間の直接的な遠隔相互作用として描写する．このため電磁場は数学的な構築物とみなされ，これらの相互作用が係る問題を解く手助けをする．この新しい観点で本質的なのは以下の原理である：

(1) 点電荷の加速度は他の荷電粒子との相互作用の和に由来する．電荷は自分自身には作用しない．

(2) ある電荷が他に及ぼす相互作用の力はローレンツ力の式 $F=e[E+\dfrac{v}{c}\times H]$ から定まり，ここでの電磁場はその電荷がマクスウェル方程式を通じて作ったものである．

(3) 自然界の基礎的(微視的)な現象は過去と未来の交換について対称であ

---

1) 量子電磁気学の満足な定式化が重要であることには他にも理由がある．現在の理論物理学では原子核での陽子や中性子などを論じる上でたくさんの基礎的な問題が未解決である．これらに取り組む上で，電磁場の理論からの類推で中間子の場の理論が構築されてきた．しかし残念ながら，この類推はあまりにも完全である．あらゆる結果はすべてあまりにも説得的でありながら混乱している．

2) 未刊行．ただし *Phys. Rev.* **59** (1941) p. 683 を参照．(訳注)これは1941年2月のアメリカ物理学会の会議録(*Phys. Rev.* **59** (1941) p. 682)に掲載された要旨．

る．このことから，相互作用を計算するのに使うマクスウェル方程式の解は，リエナール(Lienard)とウィーヘルト(Wiechert)による，遅延解の半分と先進解の半分との和となる必要がある．

これらの原理は因果律の基礎的な概念と一見矛盾するが，実際には，その帰結は電磁気学の通常の結果と本質的に合致する．また同時に点電荷の一貫した記述が可能になり，輻射減衰の独特な法則が得られる．これらが成り立つことは既に言及した研究で示された(脚注2を参照)．これらの原理は最小作用の原理から得られる運動方程式と等価である．(テトロード(Tetrode)[3]および独立にフォッカー(Fokker)[4]によって導かれた)作用積分は粒子の座標のみから成り，ここで生じる電磁場は変数として含まれない．このため場は結果的に生じたものであり，独自の自由度を持つなんらかの媒質の振動に類似するものとしては描写できない(例えば，場のエネルギー密度は正とは限らない)．この理論のどの側面が光の量子論の正当な基礎を与えるかについて，ここで多少説明しておこう．

光が量子的なものであることを示す現象の候補を挙げるとき，まず思いつくのは光電効果やコンプトン(Compton)効果のようなものだろう．しかし，これらの現象は光と物質の相互作用に関するものであり，その説明は物質の量子性によって説明できる可能性があるということは，光を量子化しなくても済むかもしれない点で悩ましい．この推測を補強するのは，量子的な原子と古典的な光の場合に，時間について正弦的に変動する(その振動数はν)ポテンシャルから原子が摂動を受けるという状況についての問題である．おそらく物質は電子を放出し，$h\nu$が増えるにつれてそのエネルギーは増加する．同様に，二つの異なる振動数と方向を持つ光のビームのポテンシャルからの摂動による電子の遷移先は，運動量とエネルギーがコンプトン効果の公式で与えられる状態である．ここで一方のビームは入射する光子の方向と波長に相当し，もう一方は光子の射出に相当する．光の原子による吸収と放出の確率も実は同様の方法で導かれる．

---

[3] H. Tetrode, *Zeits. f. Physik* **10** (1922) p. 317.
[4] A. D. Fokker, *Zeits. f. Physik* **38** (1929) p. 386; *Physica* **9** (1929) p. 33; *Physica* **12** (1932) p. 145.

一方，自発放出と光の発生機構について考える場合には，光子が明らかに必要だとする本当の理由にたどりつく．原子が自発的に光を放出するその事実を，上述の描像で説明することはできないのである．真空中で原子が光を放出し，しかも系に摂動を与えて遷移を引き起こすようなポテンシャルはない．これは，現代の量子力学的な電磁気学の説明では，量子化された輻射場の零点ゆらぎによって原子が摂動されたと考える．

　この点こそ，遠隔作用の理論が異なる観点をもたらす所である．これによれば，何もない空間に孤立した原子は，実は輻射を起こさ**ない**．輻射は他の原子 (すなわち，輻射を吸収する物質の中のもの) との相互作用の帰結である．すると量子力学での原子の自発放出もまた決して自発的ではなくて，他の原子に誘発されたものであるかもしれない．さらに光の見かけ上の量子的な特性すべてと光子の存在は，物質同士が直接量子力学の法則に従って相互作用することの結果にすぎないかもしれない．

　この可能性を追求し遠隔相互作用の理論の量子版を探る試みの最初の困難は，それぞれに自由度を持つ調和振動子の集団による電磁場の記述をこの理論が再現できないかもしれないことである．なぜなら電磁場は粒子によって完全に決定されるためである．一方，粒子を量子力学で直接扱うのが最も納得のいく方法のように見えるが，このとき粒子の運動方程式は古典的には最小作用の原理の帰結として記述されていて，しかも，これがハミルトン形式では見かけ上表現できないような状況に直面する．

　この理由で，ハミルトニアンを持たないが最小作用の原理を持つ系の，量子的に類似する系を定式化する方法が追求されてきた．この方法の説明こそが，この博士論文の内容である．この方法は遠隔相互作用の理論への応用という特定の目的で開発されたが，実際はその理論とは独立なものであり，これ自身で完結している．しかしながら説明で考察した大半の例は遠隔相互作用的な電磁気学に出てくる問題から選んだ．特に，直接の相互作用の場合と中間の調和振動子を媒介とした相互作用での量子論における等価性を詳細に論じる．この問題の解は，電磁場の振動子を力学的で量子化された実在の系とみなす理論と，電磁場を (粒子間の相互作用の議論を簡単にするのに必要な) 古典電磁気学の数学的な構築物だとみなす理論とを比較する上で欠かすことができない．一方，

この等価性の問題にはより大事な目的がある．この問題を解決することそのものが，ここで提案された，最小作用の原理を持つ系の量子論での類似系を定式化する方法が一般的に有用で正確であることを直接に示すものである．

これらの方法の量子電磁気学への応用の結果はこの博士論文には含まれず，将来より完全に解決された時点で刊行する予定である．この序論の目的は，ここで論じる問題の動機を示すことであった．再度強調するが，ここに記された研究は電磁気学への応用がなくとも完結したものなので，これらの結果は独立した論文として刊行するのが適切であろう．ゆえに，この博士論文で重要な課題は，古典的に類似する系が最小作用の原理で表現でき，しかもハミルトン方程式で表現できるとは限らない系について，量子力学的な記述を見いだすことだと考えている．

この博士論文は二つの主要部に分けられる．前半では最小作用の原理を満たす古典系の性質を扱う．そして後半の内容はこれらの系に適用できる量子力学の方法である．前半では汎関数についての数学的な注意も与える．すべての解析は非相対論的な系に適用される．相対論的な場合への一般化は現在知られていない．

II 古典力学における最小作用

1 汎関数の概念

汎関数の数学的概念は以下で重要な役割を果たす．そこで汎関数の性質のいくつかとそれらに関してこの論文で使われる記法を説明することから始めよう．数学的な厳密さにはこだわらない．

F が関数 $q(\sigma)$ の汎関数であるとは，F が数量でありその値が関数 $q(\sigma)$ の形に依存することだ（ここで σ は $q(\sigma)$ の関数形を決めるのに使われるパラメーター）．それゆえ

$$F = \int_{-\infty}^{\infty} q(\sigma)^2 e^{-\sigma^2} d\sigma \tag{1}$$

は $q(\sigma)$ の汎関数である．というのも関数 $q(\sigma)$ をどのように選んでもある数

量，つまり積分を与えるからである．同様に，曲線の囲む面積は曲線を表現する関数の汎関数である．なぜならそのような関数のそれぞれに面積が対応するからだ．量子力学でのエネルギーの期待値は波動関数の汎関数である．さらに，

$$F = q(0) \tag{2}$$

は特に単純なものだが汎関数である．なぜなら関数 $q(\sigma)$ の点 $\sigma=0$ の値だけに汎関数の値が依存するからだ．

F が関数 $q(\sigma)$ の汎関数である場合 $F[q(\sigma)]$ と書くことにしよう．以下のように，汎関数は引数として複数の関数，あるいは複数の引数を持つ関数を持つこともある：

$$F[x(t,s), y(t,s)] = \int_{-\infty}^{\infty} \int_{-\infty}^{\infty} x(t,s)y(t,s)\sin\omega(t-s)dtds.$$

$F[q(\sigma)]$ は，各点 σ での関数の値 $q(\sigma)$ を変数とみなすことで，無限個の変数を持つ関数とみなせる．σ が値を取る範囲をたくさんの点 σ_i に分解して，そこでの関数の値を $q(\sigma_i)=q_i$ と書くとする．このとき近似的に，汎関数は q_i を変数に持つ関数として表記できる．ゆえに，式 (1) の場合，近似的な表式は次のように書けるだろう

$$F(\cdots q_i \cdots) = \sum_{i=-\infty}^{\infty} q_i^2 e^{-\sigma_i^2}(\sigma_{i+1}-\sigma_i).$$

微分に類似する手続きを汎関数に定義できる．関数 $q(\sigma)$ に小さい関数 $\lambda(\sigma)$ を加えることで $q(\sigma)+\lambda(\sigma)$ になったとする．近似的な考えでは，変数のそれぞれが q_i から $q_i+\lambda_i$ に変わったと言ってよい．それによりこの関数は

$$\sum_i \frac{\partial F(\cdots q_i \cdots)}{\partial q_i} \lambda_i$$

だけ変化する．

変数の数が連続個ある場合，和は積分となり，λ の一次では

$$F[q(\sigma)+\lambda(\sigma)] - F[q(\sigma)] = \int K(t)\lambda(t)dt \tag{3}$$

と書ける．ここで $K(t)$ は F に依存し，F の t における q についての汎関数

微分と呼ばれるものである．エディントン(Eddington)にならい[5]，これを $\frac{\delta F[q(\sigma)]}{\delta q(t)}$ と記す．これは $\frac{\partial F(\cdots q_i \cdots)}{\partial q_i}$ のことではない．というのも，後者は一般に無限小量だからである．むしろ，$\frac{\partial F}{\partial q_i}$ を i の短い区間，例えば $i+k$ から $i-k$ までを足し合わせたものを，パラメーターの区間 $\sigma_{i+k} - \sigma_{i-k}$ で割ったものである．

ゆえに次のように記す：

$$F[q(\sigma) + \lambda(\sigma)] = F[q(\sigma)] + \int \frac{\delta F[q(\sigma)]}{\delta q(t)} \lambda(t) dt + \lambda \text{ の高次項.} \tag{4}$$

例えば，式 (1) で q に $q+\lambda$ を代入すると，

$$F[q+\lambda] = \int [q(\sigma)^2 + 2q(\sigma)\lambda(\sigma) + \lambda(\sigma)^2] e^{-\sigma^2} d\sigma$$
$$= \int q(\sigma)^2 e^{-\sigma^2} d\sigma + 2\int q(\sigma)\lambda(\sigma) e^{-\sigma^2} d\sigma + \lambda \text{ の高次項.}$$

したがって，この場合 $\frac{\delta F[q]}{\delta q(t)} = 2q(t) e^{-t^2}$ を得る．同様に，$F[q(\sigma)] = q(0)$ ならば，$\frac{\delta F}{\delta q(t)} = \delta(t)$．ここで，$\delta(t)$ はディラックのデルタ記号で，その定義は任意の連続関数 f について $\int \delta(t) f(t) dt = f(0)$ を満たすことである．

関数 $q(\sigma)$ を与えたとして，これについてあらゆる t で $\frac{\delta F}{\delta q(t)}$ がゼロとなる場合，$q(\sigma)$ は F の極値を与える関数である．例えば，古典力学では作用

$$\mathscr{A} = \int L(\dot{q}(\sigma), q(\sigma)) d\sigma \tag{5}$$

は $q(\sigma)$ の汎関数である．その汎関数微分は

$$\frac{\delta \mathscr{A}}{\delta q(t)} = -\frac{d}{dt} \left\{ \frac{\partial L(\dot{q}(t), q(t))}{\partial \dot{q}} \right\} + \frac{\partial L(\dot{q}(t), q(t))}{\partial q}. \tag{6}$$

もし $\mathscr{A}$ が極値を取れば右辺はゼロ．

2 最小作用の原理

たいていの力学的な系について古典作用と呼ばれる汎関数 $\mathscr{A}$ を見つけることができる．これは力学的な経路 $q_1(\sigma), q_2(\sigma), \ldots, q_N(\sigma)$ (N 自由度系のそれ

---

[5] A. S. Eddington, *The Mathematical Theory of Relativity* (1923) p. 139.
原書編者注：ここでは汎関数微分についてのエディントンの記法を，現在一般に使われているものに変更した．

それの座標 $q_n(\sigma)$ がパラメーター(時刻) σ の関数だとする)についてある数を与えるもので，力学法則に従って生じる実際の経路 $\bar{q}(\sigma)$ での値が極値となるようなものである．しばしばこの極値は最小値なので，この原理は最小作用の原理と呼ばれる．基本的な力学法則であるニュートンの運動方程式を使うより，ときに原理自体を使う方が便利である．汎関数の形 $\mathscr{A}[q_1(\sigma)\ldots q_N(\sigma)]$ は考察の対象となる力学の問題に依存する．

最小作用の原理によれば，もし $\mathscr{A}[q_1(\sigma)\ldots q_N(\sigma)]$ が作用汎関数であれば，N 個の運動方程式が次のように与えられる

$$\frac{\delta \mathscr{A}}{\delta q_1(t)} = 0, \quad \frac{\delta \mathscr{A}}{\delta q_2(t)} = 0, \quad \ldots, \quad \frac{\delta \mathscr{A}}{\delta q_N(t)} = 0 \tag{7}$$

(しばしば，単に $\frac{\delta \mathscr{A}}{\delta q(t)}=0$ と書いて，変数が一つだけのように記す)．つまり，$\mathscr{A}$ の $q_n(t)$ についての微分すべての関数 $\bar{q}_m(\sigma)$ での値を計算した場合に，もしすべての t およびすべての n でゼロならば $\bar{q}_m(\sigma)$ は系に許される力学的な運動を記述する．

式 (5) で与えた例は通常の一次元問題についてのもので，古典作用がラグランジアン(位置と速度のみの関数)の時間積分の場合である．別の例として遠隔相互作用の理論との関連で現れる作用積分を考えよう：

$$\mathscr{A} = \int_{-\infty}^{\infty} \left\{ \frac{m(\dot{x}(t))^2}{2} - V(x(t)) + k^2 \dot{x}(t)\dot{x}(t+T_0) \right\} dt. \tag{8}$$

これは，粒子がポテンシャル $V(x)$ の中にあり，遠くの鏡の中の自分自身から遅延および先進波によって影響を受ける場合の近似的な古典作用である．光が粒子から鏡に到着する時間は一定で，その値は $T_0/2$ だと仮定する．k^2 は粒子の電荷および鏡からの距離に依存する．もし $x(t)$ を小さな量 $\lambda(t)$ だけ変えると，結果として $\mathscr{A}$ に起きる変化は

$$\delta \mathscr{A} = \int_{-\infty}^{\infty} \{ m\dot{x}(t)\dot{\lambda}(t) - V'(x(t))\lambda(t) + k^2 \dot{\lambda}(t)\dot{x}(t+T_0)$$
$$+ k^2 \dot{\lambda}(t+T_0)\dot{x}(t) \} dt$$

$$= \int_{-\infty}^{\infty} \{-m\ddot{x}(t)-V'(x(t))-k^2\ddot{x}(t+T_0)-k^2\ddot{x}(t-T_0)\}\lambda(t)dt.$$

（部分積分による）

このため，定義 (4) から次のように書いてよい：

$$\frac{\delta\mathscr{A}}{\delta x(t)} = -m\ddot{x}(t)-V'(x(t))-k^2\ddot{x}(t+T_0)-k^2\ddot{x}(t-T_0). \tag{9}$$

この系の運動方程式は，式 (7) により $\frac{\delta\mathscr{A}}{\delta x(t)}$ をゼロとすることで導かれる．時刻 t での力は時刻 t 以外の質点の運動に依存することがはっきりした．この運動方程式をハミルトン形式で直接記述することはできない．

3 エネルギーの保存，運動の定数[6]

本節で調べる問題は古典作用が一般的な形を取る力学の問題でエネルギーや運動量などの保存の概念がどの程度まで引き継がれるのかを明らかにすることである．通常のエネルギー保存則が主張することは，時刻 t での粒子の位置と速度からなる関数として，粒子の実際の運動に対する値が時間について変化しないものが存在することである．しかしながら，より一般的な場合では，力はある特定の時刻での粒子の位置のみを含むのではない．むしろ，ほとんどは力を計算するのに広い時間の範囲における粒子の経路を知っておく必要がある（例えば式 (9) を参照）．この場合，一般にはある時刻での位置と速度のみを含む運動の定数を見つけることはできない．

例えば，遠隔作用の理論では粒子の運動エネルギーは保存されない．保存量を見つけるには "電磁場のエネルギー" に対応する項を加えなければならない．一方で電磁場は粒子の運動の汎関数であり，そのため "電磁場のエネルギー" は粒子の運動で表現できる．簡単な例 (8) については，運動方程式 (9) を考慮することで，以下の量

---

[6] 本節は論文の残りの部分を理解するのに本質的なものではない．

$$E(t) = \frac{m(\dot{x}(t))^2}{2} + V(x(t)) - k^2 \int_t^{t+T_0} \ddot{x}(\sigma - T_0)\dot{x}(\sigma)d\sigma$$
$$+ k^2 \dot{x}(t)\dot{x}(t+T_0) \tag{10}$$

は時間についての微分が実際にゼロである．最初の二項は粒子の通常のエネルギーを表す．付加的な項は鏡（むしろ，自分自身）との相互作用エネルギーを表すが，これらは時刻 $t-T_0$ から $t+T_0$ での粒子の運動の情報を必要とする．

保存する量が時間の広い範囲に渡った粒子の経路に依存するとき，保存則について本当に議論できるのだろうか？粒子に及ぼされる力を例えば $F(t)$ として，粒子が運動方程式 $m\ddot{x}(t)=F(t)$ を満たすとしよう．もし粒子の経路が運動方程式を満たすならば，まったく明らかなことに積分

$$I(t) = \int_{-\infty}^t [m\ddot{x}(t) - F(t)]\dot{x}(t)dt \tag{11}$$

の t についての微分はゼロである．同様の性質を持つようなたくさんの量を作りあげることは簡単であろう．式 (11) は時間について一定量なのだが興味深い量を実際に表すのだとは言い切れない．

物理量が保存することはかなり大事なことである．なぜなら問題を解く上で多くの詳細を忘れてもよくなるからである．エネルギーの保存は運動法則から導くことができる一方で，保存量を利用することで，運動法則を直接使う場合にしばしば必要な多くの詳細に触れずとも，問題の広い側面を議論できる点に価値がある．

二つの異なる時刻 t_1 と t_2 が離れている場合に，式 (11) の量 $I(t)$ を計算して $I(t_1)$ と $I(t_2)$ を比較するためには，t_1 から t_2 の間すべてにおける経路の詳細な情報が必要である．t_1 と t_2 が大変離れていたとしても，この間すべての時刻での経路の性質が等しく I の値に影響する．これが $I(t)$ についてわずかにしか興味が湧かない理由である．しかし，もし F が $x(t)$ のみに依存し，ポテンシャルから導かれるのなら（例えば $F=-V'(x)$），被積分関数は完全微分であり，積分は $\frac{1}{2}m(\dot{x}(t))^2 + V(x(t))$ となるだろう．二つの時刻 t_1 と t_2 での I は，いまやこれらの時刻の付近の運動だけ考えれば比較できる．中間の詳細すべてがいわば積分され消えてしまったためである．

それゆえに，もし $I(t)$ が動力学的に重要なものとして興味を引くものであれば二つのことが必要である．最初に保存されること，つまり，$I(t_1)=I(t_2)$ が成りたつこと．二番目は，$I(t)$ が経路に局所的にのみ依存すべきこと．つまり，ある時刻 t' で(任意の)ある方法で経路を変えたとすると，$I(t)$ に為された変化は t' が t から離れるにつれゼロに減衰しなければならない．言い換えると，条件として $|t-t'|\to\infty$ に対して $\dfrac{\delta I(t)}{\delta q_n(t')}\to 0$ を満たすことを課したい[7]．

エネルギーの表式 (10) はこの条件を満たしているのは既に指摘した通りである．どのような状況で一般の作用積分に対する運動の定数を導けるだろうか？

最初に，ここで求めるべき種類の運動の積分が存在するために必要だと思われる，運動方程式への条件を課すことにする．方程式 $\dfrac{\delta \mathscr{A}}{\delta q(t)}=0$ が任意の時刻 t で成立するとして，時刻 t' で経路を変化させる影響は $|t-t'|$ が無限大に近づくにつれてどんどん小さくなると仮定する．つまり，ここで要求することは

$$\frac{\delta^2 \mathscr{A}}{\delta q(t)\delta q(t')} \to 0 \qquad (|t-t'|\to\infty) \tag{12}$$

である．

次にある座標変換(正確には連続的な変換群)として $q_n \to q_n + x_n(a)$ と表記されるもので作用を不変にするものが存在することを仮定する(例えばこの変換は回転かもしれない)．この変換はパラメーター a を含み a の連続関数だとする．a がゼロのとき，この変換は恒等変換になり，そのために $x_n(0)=0$ を満たすとする．これは非常に小さい a については展開できる；$x_n(a)=0+ay_n+\cdots$．つまり，無限小の a に対してもし座標 q_n が q_n+ay_n となったら作用は不変である；

$$\mathscr{A}[q_n(\sigma)] = \mathscr{A}[q_n(\sigma)+ay_n(\sigma)]. \tag{13}$$

例えば，粒子が後の時刻で同じ経路を取るとしたときに作用の形が不変であれ

---

[7] $|t-t'|$ が無限に近づく場合にどれだけ速くゼロになるかを厳密に述べるには，ここで述べたものよりも，より完全な数学的解析が必要である．この論文で述べる証明は，$|t-t'|$ がある有限量(これがどれだけ大きいとしてもよいが)より大きい場合に式 (12) と (20) に記された量がゼロとなることを仮定している．

ば，$q_n(t) \to q_n(t+a)$ とおいてよい．この場合，a が小さければ $q_n(t) \to q_n(t) + a\dot{q}_n(t) + \cdots$ となるので $y_n = \dot{q}_n(t)$ である．

このような変換の連続集合のそれぞれに運動の定数が存在するであろう．もし作用が $q(t)$ から $q(t+a)$ への変化について不変なら，エネルギーが存在するであろう．もし作用が同じ距離 a へのすべての座標(つまり直交座標)変換について不変なら，変換の方向についての運動量が導かれるであろう．ある軸についての角度の回転の場合，対応する運動の定数は軸についての角運動量である．変換群と運動の定数との関係を以下のように示してもよい：小さい a について，式 (13) から

$$\mathscr{A}[q_n(\sigma)] = \mathscr{A}[q_n(\sigma) + a y_n(\sigma)]$$

が得られる．右辺を座標の変化 $a y_n(\sigma)$ で展開すると，式 (4) の a の一次までのところで

$$\mathscr{A}[q_n(\sigma) + a y_n(\sigma)] = \mathscr{A}[q_n(\sigma)] + a \sum_{n=1}^{N} \int_{-\infty}^{\infty} y_n(t) \frac{\delta \mathscr{A}}{\delta q_n(t)} dt \qquad (14)$$

となる．ゆえに，式 (13) から

$$\sum_{n=1}^{N} \int_{-\infty}^{\infty} y_n(\sigma) \frac{\delta \mathscr{A}}{\delta q_n(\sigma)} d\sigma = 0. \qquad (15)$$

さて，

$$I(T) = \sum_{n=1}^{N} \int_{-\infty}^{T} y_n(\sigma) \frac{\delta \mathscr{A}}{\delta q_n(\sigma)} d\sigma \qquad (16)$$

を考える．式 (15) から，

$$I(T) = -\sum_{n=1}^{N} \int_{T}^{\infty} y_n(\sigma) \frac{\delta \mathscr{A}}{\delta q_n(\sigma)} d\sigma \qquad (17)$$

とも書ける．I の T での微分を考える；$\frac{dI(T)}{dT} = \sum_n y_n(T) \frac{\delta \mathscr{A}}{\delta q_n(T)}$．これは運動方程式 (7) からゼロなので，$I(T)$ は実際の運動では T に依存せず，ゆえに保存される．そこで，これが重要な運動の定数であるためには，次を示さねばならない：

$$\frac{\delta I(T)}{\delta q_m(t)} \to 0 \qquad (|T - t| \to \infty). \qquad (18)$$

ただし，これは任意の m で成立すること．まず $t>T$ だと仮定しよう．$\dfrac{\delta I(T)}{\delta q_m(t)}$ を式 (16) から直接計算すると，

$$\frac{\delta I(T)}{\delta q_m(t)} = +\int_{-\infty}^{T}\sum_n \frac{\delta y_n(\sigma)}{\delta q_m(t)}\frac{\delta \mathscr{A}}{\delta q_n(\sigma)}d\sigma + \int_{-\infty}^{T}\sum_n y_n(\sigma)\frac{\delta^2 \mathscr{A}}{\delta q_m(t)\delta q_n(\sigma)}d\sigma \tag{19}$$

が得られる．

さて $y_n(\sigma)$ は σ から離れた時刻 t での値 $q_m(t)$ にあまり依存しないとする．つまり，次を仮定する[8]：

$$\frac{\delta y_n(\sigma)}{\delta q_m(t)} \to 0 \qquad (|\sigma-t|\to\infty). \tag{20}$$

そこで最初の積分については，$t>T$ が成立し，かつ，σ が T より小さい場合のみ被積分関数に現れるため，$t-\sigma > t-T$ が成立する．それゆえ，$t-T$ が無限大に近づくにつれ式 (19) の最初の積分の被積分関数は $t-\sigma$ が無限になるものだけになる．$\dfrac{\delta y_n(\sigma)}{\delta q_m(t)}$ は $t-\sigma$ が増えるにつれて十分速く減少すると仮定する．すると，$t-T$ が無限大に近づくにつれ最初の積分はゼロに近づく．同様の議論を (19) の二番目の積分に適用する．ここでは，我々の仮定 (12) から $\dfrac{\delta^2 \mathscr{A}}{\delta q_m(t)\delta q_n(\sigma)}$ がゼロに近づく．この近づき方が十分速いと仮定することで極限で積分の値が消えることになる．

したがって，$t-T\to\infty$ の極限で $\dfrac{\delta I(T)}{\delta q_m(t)}\to 0$ であることを示した．$T-t\to\infty$ について対応する関係式を示すには $t<T$ での $\dfrac{\delta I(T)}{\delta q_m(t)}$ を式 (17) を使って計算し後はまったく同様に論じればよい．この方法で必要とされる関係式 (18) を示すことができる．これは $I(T)$ が保存される重要な量であることを示すものだ．

特に重要な例はもちろんエネルギーの表式である．これは時間並進の変換から得られ，すでに述べたように $y_n(\sigma)=\dot{q}_n(\sigma)$ の場合である．それゆえにエネルギー積分は，式 (16) を使って（ここで符号を変えた），以下のように書ける：

---

[8] 実は，思いつくすべての実用上の事例（時間並進，空間並進，回転にそれぞれ対応するエネルギー，運動量，角運動量）については，$\sigma\neq t$ なら実際に $\dfrac{\delta y_n(\sigma)}{\delta q_m(t)}$ はゼロである．

$$E(T) = -\int_{-\infty}^{T}\sum_{n=1}^{N}\dot{q}_n(\sigma)\frac{\delta\mathscr{A}}{\delta q_n(\sigma)}d\sigma. \tag{21}$$

我々の例 (8) では，この表式

$$E(T) = -\int_{-\infty}^{T}\dot{x}(\sigma)[-m\ddot{x}(\sigma)-V'(x(\sigma))-k^2\ddot{x}(\sigma+T_0)-k^2\ddot{x}(\sigma-T_0)]d\sigma \tag{22}$$

を直接積分することで式 (10) が導かれる．

4 振動子を媒介して相互作用する粒子

最小作用の原理のみが存在する系の良い例として本節では次の問題を議論する：二つの粒子 A と B の間で直接には相互作用がないとする．ただし，調和振動子 O が A と B の両者と相互作用すると仮定しよう．ゆえに調和振動子を媒介し粒子 A は粒子 B の運動から影響を受ける．逆もまた同様である．振動子を媒介して起きるこのような相互作用は，どのようにすると粒子 A と B の直接的な相互作用と等価なのだろうか？ 粒子 A と B の運動は，この調和振動子を含まないようにして最小作用の原理で表現できるのだろうか？（電磁気学の理論では，この問題は電磁場を表す振動子を媒介して相互作用する粒子を遠隔相互作用として表現できるかどうかについて論じることである．）

問題を明確にするため，$y(t)$ と $z(t)$ は粒子 A と B の時刻 t での座標だとする．相互作用のない場合のラグランジアンを L_y，L_z と記す．それぞれを振動子と相互作用させる（振動子の座標を $x(t)$，ラグランジアンを $\frac{m}{2}(\dot{x}^2-\omega^2 x^2)$ とする）．相互作用は全系のラグランジアンにおける $(I_y+I_z)x$ の形の項で表す．ここで，I_y は原子 A の座標のみを含む関数，I_z は B の座標のみを含む関数（相互作用は振動子の座標について線形だと仮定した）．

ここで次の問題を考える．y, z, x の作用積分が

$$\int\left[L_y+L_z+\left(\frac{m\dot{x}^2}{2}-\frac{m\omega^2 x^2}{2}\right)+(I_y+I_z)x\right]dt \tag{23}$$

だとする．このとき作用 $\mathscr{A}$ として，$y(t)$, $z(t)$ のみの汎関数であり，しかも粒子 A, B の運動に関して（つまり，$y(t)$, $z(t)$ の変分について）作用 $\mathscr{A}$ が最小であるようなものを見つけることができるだろうか？

第一に，粒子 A, B の実際の運動は最初の時刻で（また以降も）y, z だけに依

存するものではなく，振動子の初期条件に依存する．このため，$\mathscr{A}$ を完全に決めることができないのは明らかであり，むしろ $\mathscr{A}$ の表式は振動子の状態になにかしら依存するはずである．

第二に，ここでは粒子の作用原理に興味があるので，これらの粒子の本当に起きる運動からの変分に着目しなければならない．つまり，粒子について運動が実現し得ない経路を考察しなければならない．それゆえに新たな問題に直面する；粒子 A と B の運動を変分する場合，どのように振動子を扱うのだろうか？　振動子の運動の全行程を止めたままにはできない．そうだとすると運動全体が作用積分に直接表現される必要があり，我々の出発点である作用 (23) に戻ることになるからだ．

この問題の解答は，上での考察のように作用が振動子の性質をともかく含むはずだという点にある．振動子は一つの自由度を持つので，実は，振動子の状態を十分正確に決めて粒子 A と B の運動を一意に指定するには二つの量(例えば位置と速度)が必要である．それゆえ，これらの粒子の作用積分は任意の値を取る二つのパラメーターを含み，これらが振動子の運動のある性質を表現する．粒子の運動について変分を取る場合，これらの量は定数だとみなされなければならない．それゆえこれらは，粒子の"不可能な"運動において一定だと考えられる量で記述される振動子の属性である．粒子の作用積分が y, z の変分で固定されるとみなされる振動子の属性に依存することは驚くべきことではない．一方で，多少意外なこととして，振動子に課すことのできる条件すべてと作用原理で簡単に表すことのできる y と z の運動とが対応するわけではないことが以下でわかる．これがどのようにして明らかになるかを詳しく見ていこう．

関数 I_y と I_z は時刻 t が T より大きいか 0 より小さい場合にゼロだと仮定する．さらに別の仮定として(簡単のためだけだが)I_y は t と $y(t)$ のみの関数であり，$\dot{y}(t)$ に依存しないとする．同様に，I_z は $\dot{z}(t)$ に依存しないとする．すると，y の運動方程式は式 (23) から

$$\frac{d}{dt}\left(\frac{\partial L_y}{\partial \dot{y}}\right) - \frac{\partial L_y}{\partial y} = \frac{\partial I_y}{\partial y} x(t) \tag{24}$$

である．z についても同様．振動子については

$$m\ddot{x}+m\omega^2 x = [I_y(t)+I_z(t)]. \qquad (25)$$

最後の方程式の解は，$\gamma = I_y + I_z$ と書くと

$$x(t) = x(0)\cos\omega t + \dot{x}(0)\frac{\sin\omega t}{\omega} + \frac{1}{m\omega}\int_0^t \gamma(s)\sin\omega(t-s)ds \qquad (26)$$

である．これは別の方法で表すことができる．例えば

$$x(t) = \frac{\sin\omega(T-t)}{\sin\omega T}\left[x(0) - \frac{1}{m\omega}\int_0^t \sin\omega s\,\gamma(s)ds\right]$$
$$+ \frac{\sin\omega t}{\sin\omega T}\left[x(T) - \frac{1}{m\omega}\int_t^T \sin\omega(T-s)\gamma(s)ds\right], \qquad (27)$$

もしくは

$$x(t) = \frac{1}{\sin\omega T}[R_T\sin\omega t + R_0\sin\omega(T-t)] + \frac{1}{2m\omega}\int_0^t \sin\omega(t-s)\gamma(s)ds$$
$$- \frac{1}{2m\omega}\int_t^T \sin\omega(t-s)\gamma(s)ds. \qquad (28)$$

ここで次の量を導入した：

$$R_0 = \frac{1}{2}\left[x(0) + x(T)\cos\omega T - \dot{x}(T)\frac{\sin\omega T}{\omega}\right], \qquad (29)$$

$$R_T = \frac{1}{2}\left[x(T) + x(0)\cos\omega T + \dot{x}(0)\frac{\sin\omega T}{\omega}\right]. \qquad (30)$$

R_T は振動子の時刻 T での座標の値と，振動子が自由(つまり粒子と相互作用しない)でかつ実際の初期条件から出発した場合にその時刻で座標が取るはずの値との平均である．同様に，R_0 は最初の座標と，振動子が自由かつ時刻 T で実際の座標に至るとしたときの初期座標との平均である．時刻が 0 から T の間以外では，振動子はもちろん自由な振動子である．

$x(t)$ についてのこれらの表式を (24) および z の対応する運動方程式に代入することで，粒子 y, z の運動についてのさまざまな表式を計算することができる；それぞれは，これらの粒子と振動子に関する二つのパラメーターで表現される．式 (26) の場合，これらのパラメーターは $x(0)$ と $\dot{x}(0)$ である；(27) だと $x(0)$ と $x(T)$；(28) だと R_0 と R_T である．これらの表式が y と z だけを

含む作用から導かれるか否かを明らかにしたい.

作用が $\mathscr{A}$ ならば, 式 (24) は $\dfrac{\delta \mathscr{A}}{\delta y(t)}=0$ の形でなければならない. つまり, 以下が成立しなければならない：

$$\frac{\delta \mathscr{A}}{\delta y(t)} = -\frac{d}{dt}\left(\frac{\partial L}{\partial \dot y}\right) + \left.\frac{\partial L}{\partial y}\right|_t + \left.\frac{\partial I_y}{\partial y}\right|_t \cdot x(t). \tag{31}$$

これが成立するような $\mathscr{A}$ を, $x(t)$ に対するそれぞれの表式について計算してみる.

さて, 方程式 (31)(これは t の各々の値について一つと数えると, 実際に無限個の方程式である)はいつでも解を持つわけではない. 必要な条件の一つは, $\dfrac{\delta}{\delta y(s)}\left(\dfrac{\delta \mathscr{A}}{\delta y(t)}\right) = \dfrac{\delta}{\delta y(t)}\left(\dfrac{\delta \mathscr{A}}{\delta y(s)}\right)$ から,

$$\frac{\delta}{\delta y(s)}\left[-\frac{d}{dt}\left(\frac{\partial L_y}{\partial \dot y}\right) + \left.\frac{\partial L_y}{\partial y}\right|_t + \left.\frac{\partial I_y}{\partial y}\right|_t \cdot x(t)\right]$$

$$= \frac{\delta}{\delta y(t)}\left[-\frac{d}{ds}\left(\frac{\partial L_y}{\partial \dot y}\right) + \left.\frac{\partial L_y}{\partial y}\right|_s + \left.\frac{\partial I_y}{\partial y}\right|_s \cdot x(s)\right]$$

である. ゆえに, これが要求することは, $s \neq t$ のときに $x(t)$ が

$$\left.\frac{\partial I_y}{\partial y}\right|_t \frac{\delta x(t)}{\delta y(s)} = \left.\frac{\partial I_y}{\partial y}\right|_s \frac{\delta x(s)}{\delta y(t)} \tag{32}$$

を満たすことである.

式 (26) については

$$\frac{\delta x(t)}{\delta y(s)} = \begin{cases} \dfrac{1}{m\omega}\sin\omega(t-s)\cdot\left.\dfrac{\partial I_y}{\partial y}\right|_s & s<t \\ 0 & s>t \end{cases} \tag{33}$$

である. この表式は式 (32) を満たさない. ゆえに, 振動子の初期位置と速度をもし固定したとすると, 粒子 A と B の運動を記述する簡単な作用積分は存在しないと結論してよいだろう.

一方, 式 (27) の場合は

$$\frac{\delta x(t)}{\delta y(s)} = \begin{cases} -\dfrac{\sin\omega(T-t)\sin\omega s}{m\omega\sin\omega T}\left.\dfrac{\partial I_y}{\partial y}\right|_s & s<t \\ -\dfrac{\sin\omega(T-s)\sin\omega t}{m\omega\sin\omega T}\left.\dfrac{\partial I_y}{\partial y}\right|_s & s>t \end{cases} \tag{34}$$

である．式 (34) は (32) を満たすので，振動子に最初と最後の位置を与える場合は作用が実際に存在すると結論できるだろう．実は，(27) の $x(t)$ を与えることで式 (31) を解くことができ，作用の表式として

$$\mathscr{A} = \int_0^T [L_y+L_z]dt + \int_0^T \left[\frac{\sin\omega(T-t)x(0)+\sin\omega t\, x(T)}{\sin\omega T}\right]\gamma(t)dt$$
$$- \frac{1}{m\omega\sin\omega T}\int_0^T dt\int_0^t ds\cdot\sin\omega(T-t)\sin\omega s\,\gamma(s)\gamma(t) \tag{35}$$

が得られる．

粒子の運動は $y(t)$ と $z(t)$ の変分について最小値を取るような作用原理で与えられる．ただし，$x(0)$ と $x(T)$ は固定された定数とみなす（例えばこれらは 0 とする）．

$x(t)$ が式 (28) で与えられ R_0 と R_T が定数だとする場合は，

$$\frac{\delta x(t)}{\delta y(s)} = \begin{cases} \dfrac{1}{2m\omega}\sin\omega(t-s)\left.\dfrac{\partial I_y}{\partial y}\right|_s & s<t \\ -\dfrac{1}{2m\omega}\sin\omega(t-s)\left.\dfrac{\partial I_y}{\partial y}\right|_s & s>t \end{cases} \tag{36}$$

となり，関係式 (32) はこの場合も満たされる．この場合の作用積分は

$$\mathscr{A} = \int_0^T [L_y+L_z]dt + \frac{1}{\sin\omega T}\int_0^T [R_T\sin\omega t+R_0\sin\omega(T-t)]\gamma(t)dt$$
$$+ \frac{1}{2m\omega}\int_0^T\int_0^t \sin\omega(t-s)\gamma(t)\gamma(s)dsdt \tag{37}$$

である．この作用は特に興味深い．というのも特別な場合の $R_T=R_0=0$ では，被積分関数は T に依存しなくなり，0 から T の積分範囲を厳密に $-\infty$ から ∞ に置き換えることができるからである．このとき作用は特別な形として

$$\mathscr{A} = \int_{-\infty}^{\infty} [L_y+L_z]dt + \frac{1}{2m\omega}\int_{-\infty}^{\infty}\int_{-\infty}^{t}\sin\omega(t-s)\gamma(t)\gamma(s)dsdt \tag{38}$$

となる．$T=\infty$ の極限を取って，さらに $\gamma(t)$, L_y, L_z が t に陽に依存しないと仮定する．$y(t)\to y(t+a)$ や $z(t)\to z(t+a)$ といった置き換えは作用を変化させないので，この作用に対するエネルギーの表式が存在する(電磁気学では，このことから遠隔相互作用の理論における半分の先進相互作用と半分の遅延相互作用の和が導かれる)．

もし $\gamma(t)$ が関数 $y(t)$ に依存する場合でも，一般の汎関数と同様，厳密に同じ式が出てくる．さらに粒子の作用は元のラグランジアンの表式 (23) の積分だとは限らない．媒介する振動子が一つよりも多い場合，それらの振動子が独立ならば(つまり，どの二つの振動子も直接相互作用しない場合)，振動子を消去した作用の表式は (35), (37), (38) と同様で，違いは相互作用の項の和が振動子の数に応じて現れる点である．それゆえ，もし j 番目の振動子の振動数が ω_j，質量が m_j，粒子との相互作用が γ_j で与えられ N 個の振動子があるならば，例えば (38) は

$$\mathscr{A} = \int_{-\infty}^{\infty}[L_y+L_z]dt+\sum_{j=1}^{N}\frac{1}{2m_j\omega_j}\int_{-\infty}^{\infty}\int_{-\infty}^{t}\sin\omega_j(t-s)\gamma_j(t)\gamma_j(s)dsdt \quad (39)$$

となる．(39) の形の項を組み合わせることで，いろいろな型の相互作用が得られる．例えば，式 (8) の相互作用が (39) から導かれるのは，粒子を x 一つだけ考えて(y と z の代わりに)，単位質量の振動子が無限個(振動数 ω に対して，ω から $\omega+d\omega$ の範囲で $\frac{4}{\pi}\omega\sin\omega T d\omega$ 個の振動子)ある場合で，粒子と振動子の相互作用は関数 $\gamma_j(t)=\dot{x}(t)$ を通じたもの(それぞれの振動子で同じ)とした場合である．

式 (38) の形の相互作用をもう少し念入りに観察すると，$\gamma(t)=I_y(t)+I_z(t)$ なので相互作用項として，$I_y(t)I_y(s)$ や $I_z(t)I_z(s)$，また，$I_y(t)I_z(s)$ や $I_z(t)I_y(s)$ の形のものが含まれていることがわかる．後の形のものが粒子 A と B の相互作用を表現するが，前の形のものは，いわば，粒子 A と自分自身との，あるいは，粒子 B と自分自身との相互作用を表すものである．相互作用を媒介する振動子としてどのようなものから粒子間の相互作用が得られるのか，あるいは，粒子と自分自身との相互作用が得られないのだろうか？

この疑問は容易に解決できる．例えば式 (39) で二つの振動子 $j=1$ と $j=2$ を考え，$\omega_1=\omega_2=\omega$，$m_1=-m_2=m$，$\gamma_1=I_y+I_z$，$\gamma_2=I_y-I_z$ だとしよう．

$\gamma_1(s)\gamma_1(t)-\gamma_2(s)\gamma_2(t)=2(I_y(s)I_z(t)+I_z(s)I_y(t))$ が成立するので，相互作用(39) は次のように書ける：

$$\mathscr{A} = \int_{-\infty}^{\infty}[L_y+L_z]dt$$
$$+ \frac{1}{m\omega}\int_{-\infty}^{\infty}\int_{-\infty}^{t}\sin\omega(t-s)[I_y(s)I_z(t)+I_z(s)I_y(t)]dsdt. \tag{40}$$

これは粒子同士の相互作用を表し，かつ，"自己相互作用"の項を含まない．式 (35) や (37) の場合も，まったく同じ流れで同じ結論が得られる．

元々の振動子を含む作用としてこのような形のものが得られるものは，上で述べたことから

$$\int_{-\infty}^{\infty}\left[L_y+L_z+(I_z+I_y)x_1+(I_z-I_y)x_2\right.$$
$$\left.+\frac{m}{2}(\dot{x}_1^2-\omega^2 x_1^2)-\frac{m}{2}(\dot{x}_2^2-\omega^2 x_2^2)\right]dt$$

である．これは $\eta_z=x_1+x_2$, $\eta_y=x_1-x_2$ とすることで，次のように書ける：

$$\int_{-\infty}^{\infty}\left[L_y+L_z+I_z\eta_z+I_y\eta_y+\frac{m}{2}(\dot{\eta}_y\dot{\eta}_z-\omega^2\eta_y\eta_z)\right]dt.$$

これはたくさんの粒子 y_k がある場合について直ちに一般化できるだろう．作用

$$\int_{-\infty}^{\infty}\left[\sum_k(L_{y_k}+I_{y_k}\eta_{y_k})+\sum_k\sum_{l\neq k}\frac{m}{2}(\dot{\eta}_{y_k}\dot{\eta}_{y_l}-\omega^2\eta_{y_k}\eta_{y_l})\right]dt$$

は粒子の組 k, l の間の相互作用のみをもたらし，粒子自身の作用に対応する項は出てこない．

これらの作用の表式は次節で量子力学的に議論する上で重要になる．これまでに，ハミルトニアンを持つ系から出発して，系の一部だけを残すことで，少なくとも古典的にはハミルトン的ではない作用原理に対応するものを見いだした．ここで，量子力学の一般化として意図するような記述を調べる方法がある．量子論がよくわかっているハミルトン系から出発し，媒介振動子を適切に消去することで，古典的に類似する系として (35) や (37) の型の作用原理に従

うものが得られることを示す．これは 68 ページで行う．

III　量子力学における最小作用

　古典力学はプランク定数 $\hbar$ が極めて小さいと考えられる場合における量子論の極限的な形式である．ある量子力学的な系に類似する古典系を（何らかの類似がある場合に）数学的に最も直接提示するものは，量子力学で出てくる式で $\hbar$ をゼロに近づけることであろう．

　逆の問題，つまり古典力学での性質が知られている系の量子力学での記述を定めることは簡単には解決できないだろう．実際，その解答は一意だとは思われていない；証拠は，例えば，電子の相対論的な振舞いについてのクライン-ゴルドン（Klein-Gordon）方程式とディラック方程式はどちらも古典的に類似する系は同じだが量子論での帰結はまったく異なるといったことである．

　しかしながら，古典力学がハミルトン形式で書くことができ，さらに座標と運動量の共役な組が定義できる場合に適用できる，極めて有用な規則が存在する．シュレーディンガー（Schrödinger）方程式やハイゼンベルク（Heisenberg）の行列力学を導くこれらの規則はあまりにもよく知られているので，ここで説明する必要はないだろう[9]．

　古典系として，本論文の第 I 章で示したようなハミルトン形式に一般には書けないものや，座標と運動量の共役な組が定義できないものについては，量子化の満足な方法が与えられてこなかった．実際に，量子力学の通常の定式化ではハミルトニアンや運動量の概念を使うのは直接かつ基礎的であることを考えると，これら抜きではほとんど何もできないように思われる．

　ここで述べる量子力学の定式化は，その表式においてハミルトニアンや運動量演算子の概念を必要としない．ここでは中心的な数学的概念として，古典力学の作用積分に類似する対象を用いる．この定式化は，本論文の最初に述べた最小作用の古典力学を量子化する問題の解答の一つである．

　より広い範囲の古典系に適用される量子力学の一般化は，少なくとも二つの

---

9) これらについての大変満足すべき議論がディラック『量子力學(原書第 4 版)』(岩波書店, 1968 年) § 21 および § 28 に与えられている．

条件を満たさねばならない．第一に，$\hbar$ がゼロに近づく極限で，量子力学での方程式はこの一般化された範囲の系に適用できるような，古典的な運動方程式に移行しなければならない．そして，第二に，これらの方程式はハミルトニアンを持つ古典系に適用可能な量子力学の現在の定式化と等価でなければならない．以下で示す量子力学の形式は，最小作用の原理を持つ系に対して，これらの条件を確かに満たす．補足的な議論として，相互作用を媒介する調和振動子を消去することで得られる古典論での作用原理は量子力学でも似た形で現れることを示す．

1 量子力学におけるラグランジアン

ここで提案する量子力学の定式化を説明するにあたって最もふさわしいのは，ラグランジアンと作用の量子力学での類似する概念についてディラック[10]が述べた意見を思い出すことかもしれない．これは以下の内容と直接関係し，それを理解するのに必要なので，かなり長くはなるが直接引用するのが最善だと考えられる．二つの異なる時刻 t と T についての表現を繋げる変換関数 $(q'_t | q'_T)$ の話のついでに，彼は以下のように述べている．

（以下引用）古典力学と量子力学の正準変換の類似性から，… $(q'_t | q'_T)$ は古典論では $e^{iS/\hbar}$ に相当する．ここで，S は時刻 T から t の間についてのハミルトンの主関数であり，ラグランジアン L の時間積分に等しい：

$$S = \int_T^t L \, dt. \tag{21}$$

無限小の時間間隔 t から $t+\delta t$ を考えると $(q'_{t+\delta t} | q'_t)$ が $e^{\frac{iL\delta t}{\hbar}}$ に対応する．恐らくこの結果は古典的なラグランジアンに対して，量子論で最も基本的な類似概念を与えるものである．比較のためには，古典的なラグランジアンを，時刻 t での位置と運動量の関数と考える代わりに，時刻 t での座標および時刻 $t+\delta t$ での座標の関数とみなす方が好ましい．

古典力学における重要な作用原理が，ハミルトンの主関数 (21) について存

---

10) ディラック『量子力學（原書第 4 版）』§ 32.

在する．そこでは，系の軌道の小さな変分のうち終点を変えないものすべて，つまり q_T と q_t を固定し T から t の中間時刻についてのすべての q の小さな変分についてこの関数が停留的である．量子論では何がこれに対応するのか見てみよう．

次のように

$$\exp\left\{\frac{i}{\hbar}\int_{t_a}^{t_b} L dt\right\} = \exp\left\{\frac{i}{\hbar} S(t_b, t_a)\right\} = B(t_b, t_a) \qquad (22)$$

と置き，$B(t_b, t_a)$ を量子論での $(q'_{t_b}|q'_{t_a})$ に対応させる．時間間隔 $T \to t$ を，中間時刻 $t_1, t_2, \ldots, t_m$ を導入して，たくさんの短い時間間隔 $T \to t_1, t_1 \to t_2, \ldots, t_{m-1} \to t_m, t_m \to t$ に分解してみる．すると，

$$B(t, T) = B(t, t_m) B(t_m, t_{m-1}) \ldots B(t_2, t_1) B(t_1, T). \qquad (23)$$

対応する量子論での式は，合成の法則 ... から，

$$(q'_t|q'_T) = \iint \ldots \int (q'_t|q'_m) dq'_m (q'_m|q'_{m-1}) dq'_{m-1} \ldots (q'_2|q'_1) dq'_1 (q'_1|q'_T) \qquad (24)$$

である．簡潔に記すため q'_{t_k} を q'_k とした．一見，式 (23) と (24) の間には緊密な対応関係がないようである．しかし，(23) の意味をより注意深く調べなければならない．それぞれの因子 B を，それが指し示す時間間隔の両端における q の関数だと考えなければならない．こう考えると，(23) の右辺は q_t や q_T のみならず，すべての中間の q の関数である．式 (23) が妥当なのは，右辺での中間の q に現実の軌道での値を代入したときだけである．現実の軌道からの小さな変分は $S(t, T)$ を停留的にする．ゆえに，(22) から $B(t, T)$ もまたこのとき停留的である．これらの値を中間の q に代入することは，(24) で中間の q のすべての値について積分することに相当する．このようにして，ハミルトンの作用原理の量子論での類似概念は合成則 (24) に取り込まれ，古典的な要請である，中間の q が $S(t, T)$ の停留的な値を取ることは，量子力学では中間の q のすべての値がその大きさに比例して (24) の積分に重要な寄与を与える条件に対応する．

どのようにして式 (23) が $\hbar$ が小さい場合の (24) の極限となり得るのか見てみよう．(24) の被積分関数が $e^{iF/\hbar}$ の形を取ると仮定しなければならない．

ここで，F は $q'_T, q'_1, q'_2, \ldots, q'_m, q'_t$ の関数で $\hbar$ がゼロに近づく場合も連続だとする．すると被積分関数は $\hbar$ が小さいときに速く振動する関数である．このように速く振動する関数の積分は次の例外的な寄与以外は極めて小さい：例外とは，積分領域として q'_k の比較的大きな変分が F について小さな変分のみをもたらす箇所からの寄与である．そのような領域は q'_k の小さな変分に対して F が停留的な点の近傍でなければならない．ゆえに，式 (24) の積分は被積分関数が途中の q' の小さい変分で停留的になる点での被積分関数の値で本質的に定まる．このようにして (24) は (23) へと移行する．（引用おわり）

ここで $(q'_{t+\delta t}|q'_t)$ に対応するのは $\exp\dfrac{i}{\hbar}\left[L\left(\dfrac{q'_{t+\delta t}-q'_t}{\delta t}, q'_{t+\delta t}\right)\delta t\right]$ であることを指摘しよう．ここで，$L(\dot{q}, q)$ は古典系のラグランジアンで速度と位置の関数．ただし，δt がゼロに近づく極限でしばしば，この対応は規格化定数を除いて正確に成立する．つまり，δt の次数の項の範囲では，$\sqrt{g(q)}\,dq$ を q 空間での体積要素として，

$$\psi(q'_{t+\delta t}, t+\delta t) = \int (q'_{t+\delta t}|q'_t)\psi(q'_t, t)\sqrt{g(q'_t)}\,dq'_t$$

$$= \int e^{\frac{i\delta t}{\hbar}L\left(\frac{q'_{t+\delta t}-q'_t}{\delta t}, q'_{t+\delta t}\right)}\psi(q'_t, t)\frac{\sqrt{g}\,dq'_t}{A(\delta t)}$$

が，$\delta t \to 0$ において，δt のオーダーで成り立つ．$q'_{t+\delta t}$ と q'_t は別の変数なので添字を省いて次のように書き直すと有益かもしれない[11]；($Q=q'_{t+\delta t}$, $q=q'_t$ とした)

$$\int e^{\frac{i\delta t}{\hbar}L\left(\frac{Q-q}{\delta t}, Q\right)}\psi(q, t)\frac{\sqrt{g(q)}\,dq}{A(\delta t)} = \psi(Q, t+\delta t). \tag{41}$$

これは時刻 $t+\delta t$ での系の波動関数 $\psi(Q, t+\delta t)$ を，時刻 t での値から決定する積分方程式である．それゆえシュレーディンガー方程式と同じ役割を果たすもので，規格化定数 $A(\delta t)$ を δt の関数として適切に選べば，実際にシュレーディンガー方程式と等価である．

---

[11] $L\left(\dfrac{q'_{t+\delta t}-q'_t}{\delta t}, q'_{t+\delta t}\right)$ を $L\left(\dfrac{q'_{t+\delta t}-q'_t}{\delta t}, q'_t\right)$ としてもよい．その差はここで着目するものよりも高次の微小量である．

こうなる理由を理解するため簡単な問題を考える．質量 m の質点が一次元空間中ポテンシャル $V(x)$ を持つ力の場の下にあるとする．ゆえに古典的なラグランジアンは $L=\dfrac{1}{2}m\dot{x}^2-V(x)$ である．すると，式 (41) よりこの系の波動関数は無限小の ε（ここで δt を ε と書く）について次の方程式を満たさねばならない：

$$\psi(x,t+\varepsilon)=\int e^{\frac{i\varepsilon}{\hbar}\{\frac{m}{2}(\frac{x-y}{\varepsilon})^2-V(x)\}}\psi(y,t)\frac{dy}{A}. \tag{42}$$

積分に $y=\eta+x$ を代入しよう：

$$\psi(x,t+\varepsilon)=\int e^{\frac{i}{\hbar}\{\frac{m\eta^2}{2\varepsilon}-\varepsilon V(x)\}}\psi(x+\eta,t)\frac{d\eta}{A}. \tag{43}$$

η がゼロに近い値のみが積分に寄与するだろう．というのも小さい ε について，η の他の値は指数関数を速く振動させるため積分への寄与がほとんど現れないからである．それゆえ $\psi(x+\eta,t)$ を $\eta=0$ に関するテイラー級数で展開し，積分を整理することで以下を得る：

$$\psi(x,t+\varepsilon)=\frac{e^{-\frac{i\varepsilon}{\hbar}V(x)}}{A}\int e^{\frac{i}{\hbar}\frac{m}{2\varepsilon}\eta^2}\left[\psi(x,t)+\eta\frac{\partial\psi(x,t)}{\partial x}\right.$$
$$\left.+\frac{\eta^2}{2}\frac{\partial^2\psi(x,t)}{\partial x^2}+\ldots\right]d\eta.$$

さて $\int_{-\infty}^{\infty}e^{\frac{im}{\hbar\cdot 2\varepsilon}\eta^2}\cdot d\eta=\sqrt{\dfrac{2\pi\hbar\varepsilon i}{m}}$（Pierce の積分表 487 を参照[*1]）を使い，両辺を m で微分すると，次を示すことができる：

$$\int_{-\infty}^{\infty}\eta^2\cdot e^{\frac{im}{\hbar\cdot 2\varepsilon}\eta^2}d\eta=\sqrt{\frac{2\pi\hbar\varepsilon i}{m}}\frac{\hbar\varepsilon i}{m}.$$

被積分関数で η の一次の項は，奇関数の積分なのでゼロである．それゆえ

[*1]（訳注） B. O. Pierce の *A short table of integrals* (Ginn and company, 1910) のようだが，式 487 はこれと対応しない．代わりにファインマン，ヒッブス『量子力学と経路積分』(みすず書房，1995 年)の付録を参照のこと．

$$\psi(x,t+\varepsilon) = \frac{\sqrt{\dfrac{2\pi\hbar\varepsilon i}{m}}}{A} e^{-\frac{i\varepsilon}{\hbar}V(x)} \left\{ \psi(x,t) + \frac{\hbar\varepsilon i}{m}\frac{\partial^2 \psi}{\partial x^2} + (\varepsilon^2 \text{ の項など}) \right\}. \tag{44}$$

この左辺は，ε が小さければ $\psi(x,t)$ に近づくので，等式が成立するためには以下のように選ばねばならない：

$$A(\varepsilon) = \sqrt{\frac{2\pi\hbar\varepsilon i}{m}}. \tag{45}$$

(44) の両辺を ε のベキの一次まで展開すると

$$\psi(x,t) + \varepsilon\frac{\partial \psi(x,t)}{\partial t} = \psi(x,t) - \frac{i\varepsilon}{\hbar}V(x)\psi(x,t) + \frac{\hbar i\varepsilon}{2m}\frac{\partial^2\psi}{\partial x^2}$$

が成立する．ゆえに

$$-\frac{\hbar}{i}\frac{\partial \psi}{\partial t} = -\frac{\hbar^2}{2m}\frac{\partial^2 \psi}{\partial x^2} + V(x)\psi.$$

これはまさに，ここで考えた系のシュレーディンガー方程式である．

これは式 (41) が波動関数 ψ に関するシュレーディンガーの微分方程式と等価であるとする考えを立証するものである[12]．それゆえ，速度と座標のみの関数であるラグランジアンで記述できる古典系を与えれば，ハミルトニアンを計算しなくとも類似した系の量子力学的な記述を直接書き下せる．

複数の粒子あるいはたくさんの自由度を持つ粒子に関する問題を扱うとする．このとき，q と Q が座標すべてを表現するとみなし，$\int \sqrt{g}\, dq$ がこれらの座標空間上の体積積分を表すならば，式 (41) は形式的にそのままである．最後に出てくるシュレーディンガー方程式の形は明確であり，古典ハミルトニアンの p_q に $\dfrac{\hbar}{i}\dfrac{\partial}{\partial q}$ を代入しようとする場合に出てくる種類の曖昧さの難点を持たないだろう．

ある時刻の波動関数を有限時間後のある時刻のものと結びつけるのに (41) を適用した帰結を考察するのは重要であろう．

---

[12] もちろん特別な場合の等価性を証明しただけである．しかし，明らかにこの証明は速度について二次関数の任意のラグランジアンにすぐ一般化でき，さらに，磁場がある場合の速度について線形の項が入っても恐らく一般化できるだろう．後で，この等価性はより一般の方法で示されることになる．

時刻 t_0 での波動関数 $\psi(q_0, t_0)$ を知っていたとして，ある時刻 T での波動関数が知りたいとする．この時間間隔を，たくさんの短い時間間隔 t_0 から t_1，t_1 から t_2，$\ldots$，t_m から T に分け，式 (41) をそれぞれの時間間隔に適用する．q_i を時刻 t_i での座標とすると，

$$\psi(q_{i+1}, t_{i+1}) \simeq \int e^{\frac{i}{\hbar} L\left(\frac{q_{i+1}-q_i}{t_{i+1}-t_i}, q_{i+1}\right) \cdot (t_{i+1}-t_i)} \cdot \psi(q_i, t_i) \frac{\sqrt{g(q_i)} dq_i}{A(t_{i+1}-t_i)} . \quad (46)$$

それゆえ，帰納的に次の式を得る：

$$\psi(Q, T) \cong \iint \cdots \int \exp\left\{\frac{i}{\hbar} \sum_{i=0}^{m} \left[L\left(\frac{q_{i+1}-q_i}{t_{i+1}-t_i}, q_{i+1}\right) \cdot (t_{i+1}-t_i)\right]\right\}$$

$$\times \psi(q_0, t_0) \frac{\sqrt{g_0} dq_0 \sqrt{g_1} dq_1, \ldots, \sqrt{g_m} dq_m}{A(t_1-t_0) \cdot A(t_2-t_1) \cdot \ldots \cdot A(T-t_m)} . \quad (47)$$

ここで，和のなかでは Q を q_{m+1}，T を t_{m+1} と書いた．t_0 から T の間の細分をどんどん細かくし，それゆえ次々に積分する回数を増やしていくことを繰り返すような極限において，(47) の右辺の表式は $\psi(Q, T)$ に等しくなる．指数関数の中の和は $\int_{t_0}^{T} L(\dot{q}, q) dt$ をリーマン和で書いた積分と似ている．

同様に $\psi(q_0, t_0)$ を後の時刻 $T = t_{m+1}$ での波動関数で計算することができる：

$$\psi^*(q_0, t_0) = \iint \cdots \int \psi^*(q_{m+1}, t_{m+1})$$

$$\times \exp\left\{\frac{i}{\hbar} \sum_{i=0}^{m} \left[L\left(\frac{q_{i+1}-q_i}{t_{i+1}-t_i}, q_{i+1}\right) \cdot (t_{i+1}-t_i)\right]\right\}$$

$$\times \frac{\sqrt{g_{m+1}} dq_{m+1} \cdots \sqrt{g_1} dq_1}{A(t_{m+1}-t_m) \cdots A(t_1-t_0)} . \quad (48)$$

2　ラグランジアンによる行列要素の計算

座標の関数 $f(q)$ の，時刻 t_0 での平均値を計算したいとする．これを $\langle f(q_0) \rangle$ と記す：

$$\langle f(q_0) \rangle = \int \psi^*(q_0, t_0) f(q_0) \psi(q_0, t_0) \sqrt{g_0} dq_0 . \quad (49)$$

この量をより後の時刻 $t=t_{m+1}$ での波動関数(式 (48))と，より以前の時刻 $t=t_{-m'}$ での波動関数 $\psi(q_{-m'}, t_{-m'})$ (式 (47))を使って表してみよう(負の添字は時刻 t_0 以前の時刻を表すことにする)．これらから

$$\langle f(q_0) \rangle = \iint \cdots \int \psi^*(q_{m+1}, t_{m+1})$$
$$\times \exp\left\{\frac{i}{\hbar} \sum_{i=-m'}^{m} \left[L\left(\frac{q_{i+1}-q_i}{t_{i+1}-t_i}, q_{i+1}\right) \cdot (t_{i+1}-t_i)\right]\right\} \cdot f(q_0)$$
$$\times \psi(q_{-m'}, t_{-m'}) \cdot \frac{\sqrt{g}\, dq_{m+1} \ldots \sqrt{g}\, dq_0 \sqrt{g}\, dq_{-1} \ldots \sqrt{g}\, dq_{-m'}}{A(t_{m+1}-t_m) \ldots A(t_0-t_{-1}) \ldots A(t_{-m'+1}-t_{-m'})}. \quad (50)$$

この形の表式をよく使うことになるので，いくつか注意を述べる．まず最初に，$t_{-m'}$ をある決まった遠い過去の時刻 T_1 に常に固定する．また同様に t_{m+1} を遠い未来の時刻 T_2 に固定する．つぎに，時刻 T_2 での波動関数を，一般化して任意の χ とすることがある．時刻 T_1 で選んだ波動関数 ψ の，後の時刻 T_2 でのものと χ が一致するとは限らない．このようにして，平均よりむしろ行列要素に似た表式を得る．この量を表記するため記号 $\langle \chi | f(q_0) | \psi \rangle$ を用いる．この量は行列要素に大変似ているが，f の平均と呼ぶことにする．少し後の時刻 t_1 での $f(q)$ の平均値に相当する $\langle \chi | f(q_1) | \psi \rangle$ も，もちろん計算できる．このためには $f(q_0)$ の式 (50) の右辺の積分を $f(q_1)$ にすればよい．それゆえ $f(q)$ の平均値の時間についての変化率が

$$\frac{d}{dt}\langle \chi | f(q) | \psi \rangle = \frac{\langle \chi | f(q_1) | \psi \rangle - \langle \chi | f(q_0) | \psi \rangle}{t_1 - t_0} = \langle \chi | \frac{f(q_1) - f(q_0)}{t_1 - t_0} | \psi \rangle \quad (51)$$

の形で導かれる．ここで，最後の表式は式 (50) の右辺の積分で $f(q_0)$ を $\frac{f(q_1)-f(q_0)}{t_1-t_0}$ に置き換えることを意味する．すると記号 $\langle \chi | \ | \psi \rangle$ の意味は次のようになる：記号内部の量と式 (50) の指数関数に時刻 T_2 での波動関数 χ と時刻 T_1 での波動関数 ψ を掛け，さらにすべての座標で積分する．最後にここでの極限として時間間隔の分割をより細かくしていく．当座は，この表記にどのような波動関数を記すかは無視して，単に $\langle |f| \rangle$ と記し後で議論することにする．このようにして，あらゆる $q(\sigma)$ に対する $F[q(\sigma)]$ の平均を定義できる．ここで F は任意の汎関数[13]．このためには，t_i での q の値 q_i の関数とし

---

13) 汎関数の性質，およびここでの記法は本論文の最初の節(p. 21)で示した．

て汎関数を近似的に表して，これを式 (50) の積分に置き極限を取ればよい．

3 ラグランジュ形式での運動方程式

時刻 t_i での q の値 q_i で表される汎関数 $F(q_i)$ をここでは考えてみよう．これはつまり $\ldots, q_{-1}, q_0, q_1, q_2, \ldots$ のある関数のことである．$\left\langle \left| \dfrac{1}{\sqrt{g_n}} \dfrac{\partial(\sqrt{g_n}F)}{\partial q_n} \right| \right\rangle$ を計算してみよう．式 (50) の f を $\dfrac{1}{\sqrt{g}} \dfrac{\partial \sqrt{g} F}{\partial q_k}$ で置き換えると q_k について部分積分できる．そこで積分された部分は消えると考えてよい．なぜなら，残りの被積分関数について他の q で積分したものは，時刻 t_k での波動関数の絶対値の自乗と似ているものなので，無限遠では恐らく消えるはずだからである．部分積分をすると (50) と似た表式になるが，$f(q_0)$ の場合とは違うものになる．すなわち，

$$\left\langle \left| \dfrac{1}{\sqrt{g(q_k)}} \dfrac{\partial(\sqrt{g(q_k)}\cdot F)}{\partial q_k} \right| \right\rangle$$
$$= -\dfrac{i}{\hbar} \left\langle \left| F \cdot \dfrac{\partial}{\partial q_k} \left\{ \sum_{i=-m'}^{m} \left[L\left(\dfrac{q_{i+1}-q_i}{t_{i+1}-t_i}, q_{i+1}\right) \cdot (t_{i+1}-t_i) \right] \right\} \right| \right\rangle. \quad (52)$$

そこで，上記の微分を実行すると

$$\left\langle \left| \dfrac{1}{\sqrt{g}} \dfrac{\partial(\sqrt{g}F)}{\partial q_k} \right| \right\rangle = \dfrac{i}{\hbar} \left\langle \left| F \left\{ L_{\dot{q}}\left(\dfrac{q_{k+1}-q_k}{t_{k+1}-t_k}, q_{k+1}\right) - L_{\dot{q}}\left(\dfrac{q_k-q_{k-1}}{t_k-t_{k-1}}, q_k\right) \right.\right.\right.$$
$$\left.\left.\left. - (t_k-t_{k+1})\cdot L_q\left(\dfrac{q_k-q_{k-1}}{t_k-t_{k-1}}, q_k\right) \right\} \right| \right\rangle. \quad (53)$$

ここで，$L_{\dot{q}}$ は $\dfrac{\partial L}{\partial \dot{q}}$ で，L_q は $\dfrac{\partial L}{\partial q}$ のこと．{ } の中の表式は時間間隔を無限に分割したときの極限

$$\left[\dfrac{d}{dt}\left(\dfrac{\partial L}{\partial \dot{q}}\right) - \dfrac{\partial L}{\partial q} \right] dt$$

に注意すると記憶に残るだろう．

関係式 (53) は基本的なものである．というのも，量子力学の通常の形式での対応する表式と比較するとき，後でわかるように，一つの式の中に運動方程式，および p と q についての交換関係が含まれるからである．どうやってこうなるのかを最もはっきり理解するため，式 (53) を簡単な例題 $L = m\dfrac{\dot{x}^2}{2} - V(x)$ に適用してみる．するとこれは（$\sqrt{g}=1$ とする），

$$\left\langle \left| \frac{\partial F}{\partial x_k} \right| \right\rangle = \frac{i}{\hbar} \left\langle \left| F \cdot \left\{ m \left(\frac{x_{k+1}-x_k}{t_{k+1}-t_k} \right) \right. \right. \right.$$
$$\left. \left. \left. - m \left(\frac{x_k-x_{k-1}}{t_k-t_{k-1}} \right) + (t_k-t_{k-1})V'(x_k) \right\} \right| \right\rangle. \quad (54)$$

もし $F=x_k$ なら，(54) は次のようになる：

$$\langle |1| \rangle = \frac{i}{\hbar} \left\langle \left| m \left(\frac{x_{k+1}-x_k}{t_{k+1}-t_k} \right) x_k - x_k \cdot m \left(\frac{x_k-x_{k-1}}{t_k-t_{k-1}} \right) \right. \right.$$
$$\left. \left. + x_k(t_k-t_{k-1})V'(x_k) \right| \right\rangle.$$

時間間隔を細かくする極限では，$t_k-t_{k-1} \to 0$ において最後の項は重要ではないので，普段と同じように極限が取れると考えて

$$\left\langle \left| \left(m\frac{x_{k+1}-x_k}{t_{k+1}-t_k} \right) x_k - x_k \left(m\frac{x_k-x_{k-1}}{t_k-t_{k-1}} \right) \right| \right\rangle = \frac{\hbar}{i} \langle |1| \rangle \quad (55)$$

とできる．量子力学の通常の表記では，これは $pq-qp$ の平均値が $\frac{\hbar}{i}I$ の平均値と等しいとする主張と等価である．ふつうの力学での因子の順序が，ここでは各項の時間順序として現れる．(式 (55) の記法の表式をより通常の記法での表式に翻訳できるような厳密な関係は後の節で示す (49 ページ)．)

今度は式 (53) に例えば $F=x_{k+3}$ を代入してみる．すると極限では

$$\left\langle \left| x_{k+3} \left(m\frac{x_{k+1}-x_k}{t_{k+1}-t_k} \right) - x_{k+3} \left(m\frac{x_k-x_{k-1}}{t_k-t_{k-1}} \right) \right| \right\rangle = 0. \quad (56)$$

このようにして，二つの連続する運動量測定の後で位置を測定した場合，運動量の差と位置を掛けて平均したものは無限小量になる．これは，二つの連続した運動量測定が同じ結果を与えるからである．一方，もし運動量測定の時間の中間で位置が測定されるなら，結果はもはや小さくなくなり，位置測定は運動量が測られた二時刻の間で運動量を乱す．(もちろん，表式に i があるので，実際にこれらの量が古典的な意味での平均だとはみなせない．)

式 (55) で $\langle |x_k \cdot m(\frac{x_k-x_{k-1}}{t_k-t_{k-1}})| \rangle$ を時刻を一つ後に置き換えて $\langle |x_{k+1} \cdot m(\frac{x_{k+1}-x_k}{t_{k+1}-t_k})| \rangle$ としても，その値の変化は有限ではない．そのため，(55) を整理して次のように読むこともできる：

$$\langle|(x_{k+1}-x_k)^2|\rangle = -\frac{\hbar}{mi}(t_{k+1}-t_k)\cdot\langle|1|\rangle. \tag{57}$$

この式はよく知られた次の事実を記述する．波束はある点から時間について放物状に拡がり，時間 dt についての粒子の変位の平均が v を平均速度として vdt である一方，変位の自乗の平均は dt^2 のオーダーではなく，dt である．平均速度の表式は式 (51) から $\langle|\frac{x_{k+1}-x_k}{t_{k+1}-t_k}|\rangle$ であるが，運動エネルギーの平均は例えば，$\langle|\frac{m}{2}(\frac{x_{k+1}-x_k}{t_{k+1}-t_k}\cdot\frac{x_k-x_{k-1}}{t_k-t_{k-1}})|\rangle$ であり，$\langle|\frac{m}{2}(\frac{x_{k+1}-x_k}{t_{k+1}-t_k})^2|\rangle$ と異なることを指摘しておく．後者は無限大である．

もし式 (54) にて，F として $G_1 x_k G_2$ のような表式を選んだとする．ただし，G_1 は t_k よりも後の時刻 t_j $(t_j > t_k)$ での座標 x_j の任意の関数で，G_2 は t_k より前の時刻についての座標の関数だとする．すると，式 (55) の代わりに次の関係式を得る：

$$\left\langle\left|G_1\left[\left(m\frac{x_{k+1}-x_k}{t_{k+1}-t_k}\right)\cdot x_k - x_k\cdot\left(m\frac{x_k-x_{k-1}}{t_k-t_{k-1}}\right)\right]G_2\right|\right\rangle = \frac{\hbar}{i}\langle|G_1 G_2|\rangle. \tag{58}$$

これは次に示す平均量の間の通常の関係式と等価である：

$$\langle|G_1(pq-qp)G_2|\rangle = \frac{\hbar}{i}\langle|G_1 G_2|\rangle.$$

G_1 と G_2 は座標の任意の関数なので，式 (58) は演算子の関係式 $pq-qp=\frac{\hbar}{i}$ と等価と考えてよい．

G_1 と G_2 は以前の定義と同じとして，F を単に $G_1 G_2$ で置き換えると，式 (54) を $(t_k - t_{k-1})$ で割ったものは，左辺がゼロなので，

$$\left\langle\left|G_1\left[\frac{m\left(\frac{x_{k+1}-x_k}{t_{k+1}-t_k}\right)-m\left(\frac{x_k-x_{k-1}}{t_k-t_{k-1}}\right)}{t_k-t_{k-1}}+V'(x_k)\right]G_2\right|\right\rangle = 0. \tag{59}$$

これは量子力学の通常の記法における演算子の方程式，つまり，ニュートンの運動方程式 $m\ddot{x}+V'(x)=0$ の量子版と等価である．この運動方程式や交換関係は，もちろん通常の定式化での規則 $HF-FH=\frac{\hbar}{i}\dot{F}$ や交換関係と等価である．ここで $H=\frac{1}{2m}p^2+V(x)$．このようにして，式 (58) と (59) はこの系を完全に解くためのすべてを示すものである．これらの起源となる式 (54) やその

一般化である式 (53) は，それゆえに必要とされるすべてなのである．

ハミルトニアンが存在しない場合の問題に向けて，これらを一般化しようとしているのだが，ハミルトニアンが存在する場合について，ハミルトニアンでの定式化を我々の観点から書き表すことは興味深いだろう．任意の汎関数 $F(q_i)$ の平均を考えよう．この量の時間についての変化率を計算するために，式 (51) に似た関係式を用いることができる．別の方法として次のものがある：F に現れる変数 q_i は時刻 t_l と $t_{l'}$ ($l>l'$) の間のものに限る．つまり F は変数 q_{l-1} から $q_{l'+1}$ のみの関数だとする（極限では時間を無限に分割するので l,l' は無限でもよい．しかし t_l と $t_{l'}$ は有界のままに保ち，F が有限時間の領域のみ含むようにしたい）．さて，もし F の平均値についての表式 (50) にて，l と l' の間の i に対応する時刻 t_i の値をそれぞれ小さい量 δ だけ増やしたとする．この結果は，定まった時刻 T_2 と T_1 での波動関数を同じままにした上で，δ だけ後の時間での F を計算することと等価なはずであろう．これは δ の一次で当然 $\langle|F|\rangle+\delta\frac{d}{dt}\langle|F|\rangle$ を与える．それゆえに $\frac{d}{dt}\langle|F|\rangle$ がこれら時間の変数を増大させて得た量の δ についての導関数である．この量を計算するには，式 (50) を調べ，上述したすべての時刻を変えるとすると式の中では t_l-t_{l-1} から $t_l-t_{l-1}-\delta$ および，$t_{l'+1}-t_{l'}$ から $t_{l'+1}-t_{l'}+\delta$ だけが変わると気づけばよい．この後で δ についての微分を取ると次が導かれる：

$$\frac{d}{dt}\langle|F|\rangle = \frac{i}{\hbar}\left\langle\left|\left\{L_{\dot{q}}\left(\frac{q_l-q_{l-1}}{t_l-t_{l-1}},q_l\right)\cdot\frac{q_l-q_{l-1}}{t_l-t_{l-1}}\right.\right.\right.$$
$$\left.-L\left(\frac{q_l-q_{l-1}}{t_l-t_{l-1}},q_l\right)+\frac{\hbar}{i}\alpha(t_l-t_{l-1})\right\}F$$
$$-F\left\{L_{\dot{q}}\left(\frac{q_{l'+1}-q_{l'}}{t_{l'+1}-t_{l'}},q_{l'+1}\right)\cdot\frac{q_{l'+1}-q_{l'}}{t_{l'+1}-t_{l'}}\right.$$
$$\left.\left.\left.-L\left(\frac{q_{l'+1}-q_{l'}}{t_{l'+1}-t_{l'}},q_{l'+1}\right)+\frac{\hbar}{i}\alpha(t_{l'+1}-t_{l'})\right\}\right|\right\rangle. \quad (60)$$

ここで $\alpha(\delta t)=\frac{d}{d(\delta t)}\ln A(\delta t)$ である．式 (60) が適用できるのは，F が q_l と $q_{l'}$ の間の座標のみを含み，かつ，時間を陽に含まない場合のみである．もし F が時間を陽に含む場合は，右辺に $\sum_{i=l'}^{l}\langle|\frac{\partial F}{\partial t_i}|\rangle$ を加えるべきである．

式 (60) は通常の関係式 $\frac{d}{dt}\langle F\rangle=\frac{i}{\hbar}\langle HF-FH\rangle$ と比較可能なものである．式中の { } の中の表式が H に類似することがわかる．$\frac{\hbar}{i}\alpha(t_l-t_{l-1})$ の形の

項が出てくるのは規格化因子 A の微分に由来する．これらは，以前にその大きさを評価した $\langle|(\frac{q_l-q_{l-1}}{t_l-t_{l-1}})^2|\rangle$ の形の項を含むかもしれないにもかかわらず，無限細分の極限において H の表式を有限に保つ役割がある．例えば，簡単なラグランジアン $\frac{m\dot{x}^2}{2}-V(x)$ の場合，(57) から α は $\frac{1}{2(t_l-t_{l-1})}$ と一致し，ゆえに，既にこの場合について示したように(式 (45)) $A(t_l-t_{l-1})=$(定数)$\cdot\sqrt{t_l-t_{l-1}}$ が成り立つ．

4　量子力学の通常の表記への書き換え

ここまででやってきたことは，通常の量子力学をある程度別の言葉遣いで表現する以上のものではなかった．以下数ページに渡ってこの新しい言葉遣いが不可欠である．そこでは座標と速度に依存する単純なラグランジアンを持たないような系への一般化を説明する．その前に，ハミルトニアン H を持つ系について，これまでに導いた関係式がどれだけたやすく通常の記法のものに翻訳されるかを示すことは意義があるだろう．

時刻 t_2 での波動関数を，時刻 t_1 での波動関数で記すには，次の関係式を通常用いる[*2]：

$$\psi_{t_2} = e^{-\frac{i}{\hbar}H(t_2-t_1)}\psi_{t_1}. \tag{61}$$

ゆえに，時刻 T_2 にて波動関数 χ を持つ状態と，時刻 T_1 に波動関数 ψ で表現される状態の間についての，時刻 t_0 で作用するとみなされる演算子 F の行列要素は[*3]

$$\int \bar{\chi} e^{-\frac{i}{\hbar}H(T_2-t_0)} F e^{-\frac{i}{\hbar}(t_0-T_1)H} \psi\, d\mathrm{Vol}. \tag{62}$$

このため，例えば，ここでは $\langle\chi|q_0|\psi\rangle$ のことを χ と ψ の状態間の時刻 t_0 での座標の平均と呼んできたが，この量は次のように書くことができる：

$$\langle\chi|q_0|\psi\rangle = \int \bar{\chi} e^{-\frac{i}{\hbar}(T_2-t_0)H} q e^{-\frac{i}{\hbar}(t_0-T_1)H} \psi\, d\mathrm{Vol}. \tag{63}$$

[*2]（訳注）原書は式 (61) の指数部の符号に誤りがある．以下の関連する数ヵ所を含めて誤りを修正した．

[*3]（訳注）原書に従い体積積分の積分要素を $d\mathrm{Vol}$ と記す．

同様に $\langle\chi|q_1|\psi\rangle$ は演算子 $e^{-\frac{i}{\hbar}(T_2-t_1)H}qe^{-\frac{i}{\hbar}H(t_1-T_1)}$ の行列要素である．このため $t_1-t_0\to 0$ の極限で以下の量を考えると，

$$\langle\chi|\frac{q_1-q_0}{t_1-t_0}|\psi\rangle = \int \bar\chi e^{-\frac{i}{\hbar}H(T_2-t_1)}\frac{\left\{q-e^{-\frac{i}{\hbar}(t_1-t_0)H}qe^{\frac{i}{\hbar}(t_1-t_0)H}\right\}}{t_1-t_0}$$
$$\times e^{-\frac{i}{\hbar}(t_1-T_1)H}\psi d\,\mathrm{Vol}$$

は $\int \bar\chi e^{-\frac{i}{\hbar}H(T_2-t_1)}\cdot\frac{i}{\hbar}(Hq-qH)e^{-\frac{i}{\hbar}H(t_1-T_1)}\psi d\,\mathrm{Vol}$ になる．ゆえに，これは演算子 $\frac{i}{\hbar}(Hq-qH)$ の平均であり，速度を表す．これは上で述べた通りである．汎関数での表現は他の場合でも演算子に対応させることができる．例えば，$t_m > t_l$ ならば，

$$\langle\chi|q_m q_l^2|\psi\rangle = \int \bar\chi e^{-\frac{i}{\hbar}H(T_2-t_m)}qe^{-\frac{i}{\hbar}H(t_m-t_l)}q^2 e^{-\frac{i}{\hbar}H(t_l-T_1)}\psi d\,\mathrm{Vol} \quad (64)$$

であり，一方，$t_m < t_l$ ならば次が成り立つ：

$$\langle\chi|q_m q_l^2|\psi\rangle = \int \bar\chi e^{-\frac{i}{\hbar}H(T_2-t_l)}q^2 e^{-\frac{i}{\hbar}H(t_l-t_m)}qe^{-\frac{i}{\hbar}H(t_m-T_1)}\psi d\,\mathrm{Vol}\;. \tag{65}$$

例えば，$H=\frac{1}{2m}p^2+V(x)$ ならば式 (55) を翻訳すると

$$\int \bar\chi e^{-\frac{i}{\hbar}H(T_2-t_k)}\cdot\frac{mi}{\hbar}\{(Hx-xH)x-x(Hx-xH)\}e^{-\frac{i}{\hbar}H(t_k-T_1)}\psi d\,\mathrm{Vol}$$
$$=\frac{\hbar}{i}\int \bar\chi e^{-\frac{i}{\hbar}H(T_2-T_1)}\psi d\,\mathrm{Vol}\;.$$

これはもちろん正しい．式 (56) の左辺を式 (64) と (65) を使って翻訳したものは，時間間隔を細かくしていく極限で実際に消える．

さらなる例として，$\langle|\dot{x}(t)\cdot f(x(t))|\rangle$ と次の量の平均

$$e^{-\frac{i}{\hbar}H(T_2-t)}\left[\frac{1}{2m}(pf(x)+f(x)p)\right]e^{-\frac{i}{\hbar}H(t-T_1)} \tag{66}$$

が等価であることに触れよう．これは式 (64) と (65) の自明な一般化から $\frac{x_{i+1}-x_{i-1}}{t_{i+1}-t_{i-1}}f(x_i)$ の平均を考えると最も簡単に理解できる．

5 任意の作用積分への一般化

ここでは古典作用が $\mathscr{A} = \int L(\dot{q}, q) dt$ の形を取るとは限らず，より一般の $q(\sigma)$ の汎関数の場合について一般化する．既に注意したように，式 (50) では指数関数の位相部は $\dfrac{i}{\hbar} \int L(\dot{q}, q) dt$ をリーマン和の形で記したものである．これは時間を有限だが短い間隔に分けたためだった．ここから，一般化された作用と $\dfrac{i}{\hbar}$ を乗じたものを指数部に置くことがすぐ想像できる．もちろん，作用は q_i, t_i でまず近似的に表され，なおかつ，分割数を細かくするにつれて，これが $q(t)$ の汎関数に近づくようになる必要がある．

この帰結をよりはっきり理解するため，ハミルトニアンを持たない作用汎関数のうち簡単なものを一つ選ぼう．次を調べてみる：

$$\mathscr{A} = \int_{-\infty}^{\infty} \left\{ \frac{m\dot{x}(t)^2}{2} - V(x(t)) + k^2 \dot{x}(t) \dot{x}(t+T_0) \right\} dt. \tag{67}$$

これはポテンシャル $V(x)$ 中の質点の作用積分を近似したものだが，半分が先進的で半分が遅延的な波を通じ，質点は自分自身の鏡像と相互作用する．

表式 (50) では，L を積分するのは T_1 から T_2 までの有限範囲の時間のみである．ここでの作用 (67) は有限な時間の範囲内では無意味である．実は，T_1 から T_2 までの積分で，この範囲外での $x(t)$ の値に古典作用は依存するかもしれない．

この困難は，ここで考える力学の問題を変えることで避けることができるだろう．次のことを仮定する．大変遠いある正の時刻 T_2 と遠いある負の時刻 T_1 にて，あらゆる相互作用(電荷など)がゼロとなって消え，粒子たちは自由になる(あるいは，少なくともその運動がラグランジアンで記述できる)とする．すると，粒子が自由になるような時刻では，波動関数 χ と ψ を式 (50) で記述してもよいだろう(さらに実際の問題での運動は，T_1 や T_2 が無限に向かう極限を仮定できるかもしれない)．それゆえ (50) からの類推として次を計算してみる：

$$\langle\chi|F|\psi\rangle = \int \chi^*(q_{T_2}) \exp\left\{\frac{i}{\hbar}\mathscr{A}(q_{T_2},\ldots,q_2,q_1,q_0,q_{-1},\ldots,q_{T_1})\right\}$$
$$\times F(\ldots q_1, q_0 \ldots) \cdot \psi(q_{T_1}) \frac{\sqrt{g}\,dq_{T_2}\cdots\sqrt{g}\,dq_{T_1}}{A(T_2-t_m)\ldots A(t_{-m'+1}-T_1)}. \quad (68)$$

$\hbar \to 0$ の極限にて，ディラックが述べた方法 (38 ページ参照) で古典的な作用原理 $\delta\mathscr{A}=0$ が導かれる．というのもこの方法が使えなくなるような変更点はなかったからである．

式 (52) と類似の量子力学の基本的な関係式を計算するために $\dfrac{1}{\sqrt{g}}\dfrac{\partial(\sqrt{g}\,F)}{\partial q_k}$ の平均公式を部分積分する．すると，

$$\langle\chi|\frac{1}{\sqrt{g(q_k)}}\frac{\partial(\sqrt{g(q_k)}F)}{\partial q_k}|\psi\rangle = -\frac{i}{\hbar}\langle\chi|F\cdot\frac{\partial\mathscr{A}}{\partial q_k}|\psi\rangle. \quad (69)$$

上で注意したように，ここには運動方程式や交換関係に類似する概念が含まれている．

6 エネルギーの保存，運動の定数

通常の量子力学では古典的な運動の定数に対応する演算子は重要である．このため，我々の一般的な定式化におけるこれらの演算子の類似概念をここで簡単に述べる．これらは論文の後の方では不必要なのでくわしくは述べない．

記法は第 II 章 3 節で述べた古典的な場合と同様である．そこでの一般的な議論がこの場合も同様に適用できるので，繰り返すことはしない．簡単のため N 個の座標 $q_n(\sigma)$ は考えず，一つの座標 $q(\sigma)$ の場合のみを考える．

運動方程式 (69) から直接わかるように

$$\langle\chi|\mathscr{F}\cdot\sum_{t_i=\bar{t}_1}^{t_i=\bar{t}_2}\left[y_i\frac{\partial\mathscr{A}}{\partial q_i}+\frac{\hbar}{i}\frac{1}{\sqrt{g_i}}\frac{\partial\sqrt{g_i}}{\partial q_i}y_i+\frac{\hbar}{i}\frac{\partial y_i}{\partial q_i}\right]|\psi\rangle = -\frac{\hbar}{i}\langle\chi|\sum_{t_i=\bar{t}_1}^{t_i=\bar{t}_2}y_i\frac{\partial\mathscr{F}}{\partial q_i}|\psi\rangle. \quad (70)$$

$\bar{t}_1$ と $\bar{t}_2$ が遠いとする．このときは古典的な場合に証明したように，作用が座標変換 $q \to q+ay$ で不変なら (70) の左辺で $\mathscr{F}$ と積を取る箇所は差 $I_{\bar{t}_1}-I_{\bar{t}_2}$ の形になる．ここで，汎関数 $I_{\bar{t}_2}$ は $\bar{t}_2$ の近傍の座標を含むもので，同様に $I_{\bar{t}_1}$ も

$\bar{t}_1$ の近傍の時刻についての座標を含む．

もし $\mathscr{F}$ がある時刻 $\bar{t}_0$ あたりの有限の範囲の座標のみを含み，そこから $\bar{t}_1$ と $\bar{t}_2$ が外れていれば ($\bar{t}_2 > \bar{t}_0 > \bar{t}_1$)，右辺は $\bar{t}_1$ と $\bar{t}_2$ に依らない．このことは I が運動の定数であることの類似概念である．さらにこの場合，左辺は $IF-FI$ の類似概念になり，右辺は F に作用した微分演算である．この微分演算は I が導かれた群の変換に特徴的なものである．

したがって x 方向での変位については，微分演算子は $\dfrac{\partial}{\partial x}$ であり，対応する運動の定数は x 方向の運動量である．というのも演算子の関係式 $p_x F - F p_x = \dfrac{\hbar}{i}\dfrac{\partial F}{\partial x}$ が成立するからである．より正確には，任意の $\bar{t}_1$ と $\bar{t}_2$ で成立する関係式 $e^{\frac{i}{\hbar}H(\bar{t}_2-\bar{t}_0)} p_x e^{-\frac{i}{\hbar}H(\bar{t}_2-\bar{t}_0)} F - F e^{\frac{i}{\hbar}H(\bar{t}_0-\bar{t}_1)} p_x e^{-\frac{i}{\hbar}H(\bar{t}_0-\bar{t}_1)} = \dfrac{\hbar}{i}\dfrac{\partial F}{\partial x}$ に類似する式を得た．時間並進については，微分演算子は $\dfrac{d}{dt} - \dfrac{\partial}{\partial t}$ であり，運動の定数はエネルギーの符号を変えたものである．そのため，$HF-FH = \dfrac{\hbar}{i}\dfrac{dF}{dt} - \dfrac{\hbar}{i}\dfrac{\partial F}{\partial t}$ に類似した結果が得られる．もし F が時間に陽には依存しないなら，右辺を普段と同じく $\dfrac{\hbar}{i}\dot{F}$ と書くことができる．

エネルギーの表式については，古典的には $y(\sigma) = \dot{q}(\sigma)$ とする．式 (60) を (70) から導くのに，直交座標の場合は y_i を $y_i = \dfrac{1}{2}\left[\dfrac{q_{i+1}-q_i}{t_{i+1}-t_i} + \dfrac{q_i-q_{i-1}}{t_i-t_{i-1}}\right]$ とすればよい．式 (60)(48 ページ) と関係して，$\bar{t}_1$ から $\bar{t}_2$ までの時刻すべてについて一定量 δ だけ増やす方法を同様に適用することで，エネルギーの別の表式を得ることができる．

7 波動関数の役割

本節で論じる問題は，時刻 T_1 と T_2 の間に波動関数が存在するかどうかについてである．

関係式 (68) のため，平均は $\int \phi_2^* F \phi_1 d\,\mathrm{Vol}$ のような簡単な形にはもはや書けない．F が非常に単純で座標 q_0 のみを含むとする(例えば，q_0 の平均値を計算したいとする)．式 (68) によれば，これは次のように表現できる：

$$\int \rho(q_0) F(q_0) \sqrt{g_0}\, dq_0. \tag{71}$$

ここで，$\rho(q_0)$ は (68) の被積分関数を q_0 以外の q_i すべてについて積分したものである．これをハミルトニアンが存在する場合の普通の表式

$$\int \phi_2^*(q_0) F(q_0) \phi_1(q_0) \sqrt{g_0}\, dq_0 \tag{72}$$

と比べる．両者が等価であるのは，$\rho(q_0)$ が自然かつ有益なやりかたで二つの関数 $\phi_2^*(q_0)$ と $\phi_1(q_0)$ の積となるように表現できる場合であろう．しかしながら $\exp\dfrac{i}{\hbar}\mathscr{A}$ の q_0 以外の変数全部での積分をこんな風に書くことは一般にはできない．特別な場合として $\mathscr{A}$ が速度と位置の関数である通常のラグランジアンの積分の場合は，指数関数は次の二つの因子

$$\begin{aligned}\exp\frac{i}{\hbar}\Bigg\{&L\left(\frac{q_0-q_{-1}}{t_0-t_{-1}},q_0\right)\cdot(t_0-t_{-1})\\&+L\left(\frac{q_{-1}-q_{-2}}{t_{-1}-t_{-2}},q_{-1}\right)\cdot(t_{-1}-t_{-2})+\ldots\Bigg\},\end{aligned}$$

および， \hfill (73)

$$\begin{aligned}\exp\frac{i}{\hbar}\Bigg\{&L\left(\frac{q_1-q_0}{t_1-t_0},q_1\right)\cdot(t_1-t_0)\\&+L\left(\frac{q_2-q_1}{t_2-t_1},q_2\right)\cdot(t_2-t_1)+\ldots\Bigg\}\end{aligned}$$

に分けることができる．これらの因子が共有する変数は q_0 のみなので，式 (68) で他の変数について積分したとき結果が積の形のままになる．$\phi_1(q_0)$ は第一因子の積分に由来し，(47) と同様の形を取る．$\phi_2^*(q_0)$ は (47) を複素共役したもの（つまり (48)）に似た式で χ^* を使って表される．

すると次のように考えることができる．波動関数は単なる数学的な構築物であり，より一般的な量子力学の式 (68)，(69) で表現される問題をある特別な条件の下で解析するときには有益である．ただし，これは一般には適用できないものである．波動関数のように，系のある時刻での状態を記述する属性を持ち，また，他の時刻での状態を計算することのできるようなものを見いだすのは容易ではない．より込み入った古典系では（例えば (67)），ある時刻での系の運動の状態は系がどう時間変化するかを決めることができない．別の時刻での系の振る舞いの情報も必要になる；波動関数にはこのような情報は組み込まれていない．興味深くはあるが現時点では未解決の問題を挙げる．これらのような一般の系が波動関数に類似した概念を持つだろうか．そして，作用がラグ

ランジアンの積分である場合に通常の波動関数に還元されるようなものは何だろうか．もちろん，そのようなものが必ず存在しなければならないわけではない．量子力学は波動関数抜きでも完全に機能する．行列と期待値だけで論じることができる．しかしながら実際には，波動関数は大変便利であり，量子力学についての我々の考察の大半を占めている．このため，系が時刻 T_1 から T_2 の間でいかに複雑であろうとも，その外では作用がラグランジアンの積分であると仮定することは理論の物理的な意味を解釈するのに極めて便利である．このやり方では，少なくとも系の時刻 T_1 と T_2 については，系の状態を論じることができ，それを波動関数で表してよい．このことにより，良く知られている言葉遣いで新しい一般化の意味を記すことが可能になる．これを次節で行う．

8 遷移確率

上で触れたように，ここでの古典作用は，時刻 T_2 以降あるいは T_1 以前ではラグランジアンの積分の形を取ると仮定する．ただしその間は任意でよいとする．このようにして，時刻 T_1 では系の状態として波動関数 ψ が与えられ，また時刻 T_2 では波動関数 χ が与えられるとみなせる．そして次の物理的な仮定を導入する：時刻 T_1 にて状態 ψ であった系を，時刻 T_2 に状態 χ に見いだす確率は，量 $\langle \chi | 1 | \psi \rangle$ の絶対値の自乗である．この量は式 (68) で F を 1 に置き換えたもので定義できる．

これを使って他の物理量を定義できる．系に摂動を与えることで起きる確率の変化，より正確には $\langle \chi | 1 | \psi \rangle$ の変化を計算すればよい．

どの古典作用を使って $\langle \chi | 1 | \psi \rangle$ を計算したかを添字に示す．作用が $\mathscr{A}$ の場合 $\langle \chi | 1 | \psi \rangle_{\mathscr{A}}$ と記す．作用が(時刻 T_1 から T_2 の間で)わずかに変更を受け $\mathscr{A} + \varepsilon \mathscr{F}$ になったとしよう．ここで ε は微小なパラメーター．式 (68) の形から

$$\langle \chi | 1 | \psi \rangle_{\mathscr{A} + \varepsilon \mathscr{F}} = \langle \chi | e^{\frac{i\varepsilon}{\hbar} \mathscr{F}} | \psi \rangle_{\mathscr{A}} \tag{74}$$

と書けるだろう．なぜなら ε が十分小さくて収束が保証できるなら

$$\langle \chi | 1 | \psi \rangle_{\mathscr{A} + \varepsilon \mathscr{F}} = \langle \chi | 1 | \psi \rangle_{\mathscr{A}} + \frac{i\varepsilon}{\hbar} \langle \chi | \mathscr{F} | \psi \rangle_{\mathscr{A}} - \frac{\varepsilon^2}{2\hbar^2} \langle \chi | \mathscr{F}^2 | \psi \rangle_{\mathscr{A}} + \cdots \tag{75}$$

と書けるからである．それゆえ，$\langle\chi|\mathscr{F}|\psi\rangle_{\mathscr{A}}$ が $\dfrac{\hbar}{i}\dfrac{d}{d\varepsilon}(\langle\chi|1|\psi\rangle_{\mathscr{A}+\varepsilon\mathscr{F}})$ の $\varepsilon=0$ での値であることから，この量の解釈を与えることができる．ここで強調すべきなのは任意の二つの汎関数 $\mathscr{F}$ と $\mathscr{G}$ から成る $\langle\chi|\mathscr{F}\mathscr{G}|\psi\rangle_{\mathscr{A}}$ は，通常の力学の場合と違い，一般には行列積に類似させて（例えば $\sum_{m}\langle\chi|\mathscr{F}|\phi_m\rangle\langle\phi_m|\mathscr{G}|\psi\rangle$）書くことができない点である．（これは $\mathscr{F}$ と $\mathscr{G}$ が時間について重なり合うためにどちらが前かどうかは考えられないからである．）$\langle\chi|\mathscr{F}\mathscr{G}|\psi\rangle_{\mathscr{A}}$ の項は $\langle\chi|\mathscr{F}|\psi\rangle_{\mathscr{A}}$ で $\mathscr{F}$ を $\mathscr{F}\mathscr{G}$ に置き換えたとみなしてもよいし，また，$\langle\chi|\mathscr{G}|\psi\rangle_{\mathscr{A}}$ について $\mathscr{A}$ を $\mathscr{A}+\varepsilon\mathscr{F}$ に換えた場合の一次の変化と考えてもよい（式 (76) 参照）．

偶然に摂動公式 (75) を導出していたが，これは容易に一般化できて ((74) で $\mathscr{A}$ を $\mathscr{A}+\gamma\mathscr{G}$ に置き換えて γ について両辺を微分し $\gamma=0$ とする），次が得られる：

$$\langle\chi|\mathscr{G}|\psi\rangle_{\mathscr{A}+\varepsilon\mathscr{F}} = \langle\chi|\mathscr{G}|\psi\rangle_{\mathscr{A}} + \frac{i\varepsilon}{\hbar}\langle\chi|\mathscr{F}\mathscr{G}|\psi\rangle_{\mathscr{A}} - \frac{\varepsilon^2}{2\hbar^2}\langle\chi|\mathscr{F}^2\mathscr{G}|\psi\rangle_{\mathscr{A}} + \cdots \quad (76)$$

これを使うと，ある作用積分についての汎関数の平均を，わずかに異なる作用についての別の汎関数の平均で表すことができる．電磁気学のような特別な問題では，作用は二つの項の和 $\mathscr{A}_0+\mathscr{A}_1$ とみなせ，第一項はラグランジアンの積分，第二項はそのようには書けないが小さい摂動としてよい．すると式 (76) を使って，実際の行列要素をラグランジアンによる作用 $\mathscr{A}_0$ を使った行列要素で書き下すことができる．作用 $\mathscr{A}_0$ では波動関数が定義でき問題が比較的容易である．したがって式 (76) はこれらの場合について問題を解く実用的な方法を提供するだろう．

摂動は遷移を誘発するともみなせる．初期時刻 T_1 に系の状態が ψ だったとする．時刻 T_2 にて状態 χ を選び，摂動を受けた作用 $\mathscr{A}+\varepsilon\mathscr{F}$ の下で系がこの時刻でこの状態に見いだされる確率を計算する．これは $|\langle\chi|1|\psi\rangle_{\mathscr{A}+\varepsilon\mathscr{F}}|^2$ である．さらに摂動 $\varepsilon\mathscr{F}$ がなかった場合に系は状態 χ には見いだされ得ないことが χ を選ぶ条件だとする；つまり $\langle\chi|1|\psi\rangle_{\mathscr{A}}=0$ とする．それゆえ，式 (75) から ε^2 までの次数では，元々状態 ψ にあった系が摂動のために時刻 T_2 では状態 χ に見いだされる確率，つまり遷移確率は

$$\frac{1}{\hbar^2} \left| \langle \chi | \varepsilon \mathscr{F} | \psi \rangle_{\mathscr{A}} \right|^2 \tag{77}$$

である．

単純な摂動ポテンシャルが時刻 0 から T まで作用するような特別な場合では，$\varepsilon \mathscr{F} = -\int_0^T V dt$ なので，遷移確率はより普通の表式（ディラック『量子力學（原書第 4 版）』§ 44（式（24））と比較せよ）

$$\frac{1}{\hbar^2} \left| \langle \chi | \int_0^T V dt | \psi \rangle_{\mathscr{A}} \right|^2$$

となる．

以下の点に着目することは興味深い．時刻 T_1 での波動関数 ψ_{T_1} が与えられた場合，我々は T_1 から T_2 の間の波動関数の振る舞いを追跡できないにもかかわらず，「時刻 T_2 および，より後の時刻での波動関数が何か」を答えることができる．（もちろん，時刻 T_2 での波動関数を知っているならば，後の時刻のも見つけることはできる．というのも T_2 以降で波動関数はシュレーディンガー方程式を満たすからである．）時刻 T_2 での波動関数を ψ_{T_2} と記し，この時刻での波動関数 χ_n での完全直交系で展開してみる．つまり，$\psi_{T_2} = \sum a_n \chi_n$．ここで係数 a_n は $\langle \chi_n | 1 | \psi_{T_1} \rangle_{\mathscr{A}}$ のことである．それゆえ

$$\psi_{T_2} = \sum_n \chi_n \langle \chi_n | 1 | \psi_{T_1} \rangle_{\mathscr{A}}$$

が成り立つ．式 (68) を使って $\langle \chi_n | 1 | \psi_{T_1} \rangle_{\mathscr{A}}$ を計算するとこれを次のように書いてもよいことがわかる

$$\psi_{T_2}(Q) = \int \exp\left\{ \frac{i}{\hbar} \mathscr{A}(Q, q_{m-1}, \ldots, q_0, q_{-1}, \ldots, q_{T_1}) \right\} \psi_{T_1}(q_{T_1})$$
$$\times \frac{\sqrt{g}\, dq_{m-1} \cdots \sqrt{g}\, dq_{T_1}}{A \cdots A \cdots A}. \tag{78}$$

ここで時間の分割は無限に細かい極限を取る．また $\mathscr{A}(Q \cdots q_{T_1})$ は作用汎関数のうちで時刻 T_1 から T_2 にて適用される部分である（(47) と比較せよ）．

9 観測量の期待値

前節で与えられた物理的解釈は，唯一有効かつ首尾一貫したものだが，かな

り不満足なものである．この解釈は波動関数によって表現可能な状態概念を必要とする一方で，既に指摘したようにそのような表現は一般には不可能だからである．それゆえ，扱うべき力学の問題を変更して，少なくとも，遠い未来と過去では作用は単純な形を取ることにし，そこでは波動関数について論じることができるようにする必要があった．この困難は式 (68) から平均値を計算する手続きの数学的な定式化にも反映している．現在から遠く離れた時刻で作用が単純にはならない場合に何をすべきかについて明確には定義していなかった．

考えられることとしては，ある種の極限操作を定めて前節の解釈が適用できるようにし，$T_1 \to -\infty$ および $T_2 \to \infty$ の極限を取ることである．筆者はこの方針でいくつか試してみたが，それらはすべてまがいもののようであり，物理的と言うよりもむしろ数学的な意味しかなさそうである．

別の可能性は，波動関数にまったく言及せずに，基本的な物理的概念として遷移確率の代わりに物理量の期待値を用いることである．本節で説明する，この方向についての研究は明らかに大変不完全であり，その結果は仮のものである．それでもこれを含めるのは，結果として得られた多くの式が有用と思われ，筆者は物理的な解釈の問題の解決がこの方向の先にあると信じるからである．

通常の量子力学では二つの状態 ψ_m と ψ_n の間についての演算子 A の行列要素は

$$A_{mn} = \int \psi_m^* A \psi_n d\,\mathrm{Vol}$$

で与えられる．波動関数 ψ_n で表現された状態に関して，演算子 A で表現される物理量の期待値は $A_{nn} = \int \psi_n^* A \psi_n d\,\mathrm{Vol}$ である．時刻 T_2 での波動関数が χ である状態と時刻 T_1 での波動関数が ψ である状態の間についての汎関数 F の行列要素の定義 (68) をまったく同様に用いた．時刻 T_1 での波動関数を ψ_{T_1} としたときの汎関数の期待値を計算するには，$\langle \psi_{T_2} | F | \psi_{T_1} \rangle$ を計算する．ここで，ψ_{T_2} を ψ_{T_1} で与えるのに式 (78) を使う．

量子力学で他に重要な量として行列のトレース[14] $\mathrm{Tr}[A] = \sum_n A_{nn}$ を挙げる．これは，事前にそれぞれの状態 ψ_n が同様に確からしいと推測した場合での，

相対的な(規格化されていない)平均値を測るものである．これを単に A の期待値と呼ぶことにする．

A がある固有値 a_n を持つ演算子だとし，関数の χ_n の集合について $A\chi_n = a_n \chi_n$ が成り立つとする．さらに $F_{a_n}(x)$ は x の関数で $x = a_n$ 以外ではゼロで $F_{a_n}(a_n) = 1$ を満たすとする．そのうえでトレース $\text{Tr}[BF_{a_n}(A)]$ を計算してみる($F_{a_n}(A)$ は射影演算子である)．関数 χ_n の表示での，行列 $BF_{a_n}(A)$ の k, l 要素は $[BF_{a_n}(A)]_{kl} = \sum_m B_{km}[F_{a_n}(A)]_{ml}$ である．しかし，A はこの表示で対角的なので，$[F_{a_n}(A)]_{ml}$ は $m \neq l$ では 0 であり，そうでなければ $F_{a_n}(a_m)$ と等しい．ゆえに $[BF_{a_n}(A)]_{kl} = B_{kl} F_{a_n}(a_l)$ である．さて，$l = m$ でなければ $F_{a_m}(a_l) = 0$ なので，$\text{Tr}[BF_{a_m}(A)] = B_{mm}$ が成り立つ．つまり，$BF_{a_m}(A)$ のトレースは，物理量 A が値 a_m を取る状態についての B の期待値である．

同様にして，$\text{Tr}[F_{b_n}(B) \cdot F_{a_m}(A)]$ は A が値 a_m を取ることが既知であった状態において，物理量 B が値 b_n を取ることを見いだす確率に等しい．これを示すのは難しくない(縮退はないとした)．

以上の例は，トレースの概念を用いることですべての重要な物理的な概念が導けることを注意するためのものだった．量子力学の我々の形式において，トレースを計算することは何に対応するだろうか?

式 (68) と (78) からわかるように，$\langle \psi_{T_2} | \mathscr{F} | \psi_{T_1} \rangle$ についての表式は $\int \rho(q, q') \psi_{T_1}^*(q) \psi_{T_1}(q') dq dq'$ の形に書ける．ここで $\rho(q, q')$ は (78) を (68) に代入して得られ，込みいった表式を持つ．つまり，対角要素 A_{nn} に対応するものは，この場合 $\int \rho(q, q') \psi_n^*(q) \psi_n(q') dq dq'$ と書けるだろう．対角要素の和，つまりトレースが対応するものは

$$\sum_n \int \rho(q, q') \psi_n^*(q) \psi_n(q') dq dq'.$$

一方，よく知られているように $\psi_n^*(q) \psi_n(q')$ の n についてすべての和は $\delta(q - q')$ である．ゆえに $\mathscr{F}$ のトレースは $\int \rho(q, q) dq$ である．したがって次の量

---

14) フォン・ノイマン(J. von Neumann)『量子力学の数学的基礎』井上健ほか訳(みすず書房，1957 年) II.11 節を参照．

$$\mathrm{Tr}\langle\mathscr{F}\rangle = \int \exp\left\{-\frac{i}{\hbar}\mathscr{A}[q_{T_2}, q'_m, \ldots, q'_{-m'+1}, q_{T_1}]\right\}$$
$$\times \exp\left\{\frac{i}{\hbar}\mathscr{A}[q_{T_2}, q_m, \ldots, q_{-m'+1}, q_{T_1}]\right\}$$
$$\times \mathscr{F}(\ldots q_1, q_0 \ldots) \cdot \sqrt{g_{T_2}}\, dq_{T_2} \cdot \sqrt{g_{T_1}}\, dq_{T_1}$$
$$\times \frac{\sqrt{g}\, dq'_m \cdots \sqrt{g}\, dq'_{-m'+1}}{A^* \cdots A^*} \cdot \frac{\sqrt{g}\, dq_m \cdots \sqrt{q}\, dq_{-m'+1}}{A \cdots A} \tag{79}$$

を考えることになる．いつものように，無限に細かい分割の極限への移行を念頭に置いておく．もはや波動関数は存在せず，このために，時刻 T_1 と T_2 について何も特別なことはないので，より長い時間間隔について作用が等しくなっていくような力学的な系の系列についての，(79) で定義される $\mathrm{Tr}\langle\mathscr{F}\rangle$ の極限を真のトレースだとみなすようにできる．(収束の問題はいつも存在する．)

式 (79) で定義されたトレースは $\mathscr{F}$ が一つの座標(例えば q_0)のみを含む関数であり，かつ，作用がラグランジアンの時間積分であるならば，量子力学の通常のトレースと同じである．しかしながら，一般には重要な性質を満たさない点があり，このために本節の結果がかなり不確かなものとなる．任意の汎関数のトレースがいつでも実になるとは限らない！

式 (79) に代入する汎関数について，汎関数が実の観測可能量を表現しその期待値がトレースだと言えるような，実の値を得るための条件は不明である．つまり，通常の量子力学で演算子が観測量を表現するためにエルミートでなければならない条件に類似するような，汎関数が観測量を表現するための条件が不明である．正しい条件を筆者は知らない．(79) への一般化の周辺をめぐる最も自明な示唆は $\mathscr{F}$ を変数 q' と q の関数に制限することである．もし $\mathscr{F}$ がそれぞれの q および対応する q' との交換で対称的(つまり $\mathscr{F}(\ldots, q_1, q_0, \ldots; \ldots, q'_1, q'_0, \ldots) = \mathscr{F}(\ldots, q'_1, q'_0, \ldots; \ldots, q_1, q_0))$ であれば実のトレースを得る．例えば $\mathscr{F}$ は $\frac{1}{2}(q_j + q'_j)$ のみの関数かもしれない．この対称性の条件は汎関数が実の観測量に対応することを保証する必要条件のすべてだろう．二つの対称化された汎関数の積と和もまた対称化されている．

任意の汎関数についての条件の一般的な問題から次の問題に移る．ここでは，特別な観測量(特に，射影演算子)と対応させるように，ある汎関数の形

を決める問題を考える．まず，(79) に代入すべき $\mathscr{F}$ として次のようなものを探そう．時刻 $\bar{t}_1$ での q が値 a を取ることがわかっている場合について，時刻 $\bar{t}_2$ での q (つまり $q(\bar{t}_2)$) が値 b を取る確率をこのトレースが与えるものである．もし $\mathscr{A}$ がラグランジアンの積分であれば，すぐ確かめることができることだが，答は単純に $\mathscr{F}=\delta(q_{\bar{t}_2}-b)\delta(q_{\bar{t}_1}-a)$ である．一方，この量のトレースが一般に実であることは示すことができなかった．しかしながら，次の量

$$\delta\left(\frac{q_{\bar{t}_2}+q'_{\bar{t}_2}}{2}-b\right)\cdot\delta\left(\frac{q_{\bar{t}_1}+q'_{\bar{t}_1}}{2}-a\right)$$

は，作用がラグランジアンの積分であれば，トレースは実であり，ここで必要とする確率と同じ値を与える．

このため一時的な仮定として

$$\operatorname{Tr}\left\langle\delta\left(\frac{q_{\bar{t}_2}+q'_{\bar{t}_2}}{2}-b\right)\cdot\delta\left(\frac{q_{\bar{t}_1}+q'_{\bar{t}_1}}{2}-a\right)\right\rangle\cdot db$$

は，q が時刻 $\bar{t}_1$ で a の値を取る場合に，時刻 $\bar{t}_2$ での q の測定が値 b から $b+db$ の間となる相対確率を与える (絶対的な確率は $\operatorname{Tr}\left\langle\delta(\frac{q_{\bar{t}_1}+q'_{\bar{t}_1}}{2}-a)\right\rangle$ で割ると出てくるだろう)．

同様の仮定として，

$$\operatorname{Tr}\left\langle\delta\left(\frac{1}{\varepsilon}\left[\frac{q_{\bar{t}_2+\varepsilon}+q'_{\bar{t}_2+\varepsilon}}{2}-\frac{q_{\bar{t}_2}+q'_{\bar{t}_2}}{2}\right]-v\right)\cdot\delta\left(\frac{q_{\bar{t}_1}+q'_{\bar{t}_1}}{2}-a\right)\right\rangle dv$$

は，q が時刻 $\bar{t}_1$ で値 a を取る場合の，時刻 $\bar{t}_2$ での速度の測定が v から $v+dv$ の間となる相対確率を与えるとする．ラグランジアン的な作用で運動エネルギーの項 $\frac{1}{2}m\dot{q}^2$ が q を含む場合に，これが正しい答を与えることを以下で示す．

座標 (および速度，加速度など) の線形変換を含む任意の量の確率を同様に定義できる．例えば，時刻 $\bar{t}_1$ において c と位置の積に速度の値を加えたものが a である条件の下で，q の時刻 $\bar{t}_3$ での値と時刻 $\bar{t}_2$ での値との差が b と $b+db$ の間に含まれる確率は，

$$\delta\left(\frac{q_{\bar{t}_2}+q'_{\bar{t}_2}}{2}-\frac{q_{\bar{t}_3}+q'_{\bar{t}_3}}{2}-b\right)\cdot\delta\left(\frac{q_{\bar{t}_1+\varepsilon}+q'_{\bar{t}_1+\varepsilon}}{2\varepsilon}-\frac{q_{\bar{t}_1}+q'_{\bar{t}_1}}{2\varepsilon}+c(q_{\bar{t}_1}+q'_{\bar{t}_1})-a\right)\cdot db$$

のトレースである (これは自由な調和振動子について確かめた)．これは $\bar{t}_3$ が

t_1 以前であったり，$\bar{t}_2$ が $\bar{t}_1$ 以降であっても成り立つだろう．

これから示すことは

$$\text{Tr}\left\langle \delta\left(\frac{1}{\varepsilon}\left[\frac{q_{\bar{t}_2+\varepsilon}+q'_{\bar{t}_2+\varepsilon}}{2}-\frac{q_{\bar{t}_2}+q'_{\bar{t}_2}}{2}\right]-v\right)\cdot\mathscr{G}\right\rangle$$

が与えられた運動量 mv を見いだす確率の通常の表式と一致することである．ただし，$\mathscr{G}$ は t_2 より以前の時刻を含み，作用はラグランジアン，例えば，$\frac{1}{2}m\dot{q}^2 - V(q)$ の積分であるとする．式 (79) で q_{T_2} での積分はすぐ実行できて，以下のようになる((45) 参照)：

$$\int \frac{dq_{T_2}}{A}\cdot e^{\frac{i\varepsilon}{\hbar}\left[\frac{m}{2}\left(\frac{q_{T_2}-q_m}{\varepsilon}\right)^2-V(q_{T_2})\right]}\cdot e^{-\frac{i\varepsilon}{\hbar}\left[\frac{m}{2}\left(\frac{q_{T_2}-q'_m}{\varepsilon}\right)^2-V(q_{T_2})\right]}$$
$$= \delta(q_m - q'_m)\cdot A^*.$$

したがって，q'_m についての積分は単に q'_m を q_m に置き換えるだけである．ゆえに，(79) と同じ表式で最後の一項が積分されたものが再び出てくる．$q_{t_2+\varepsilon}$ の項まで(つまり，T_2 が $t_2+\varepsilon$ になるまで一般性を失なうことなく)，この計算を何度も繰り返しラグランジアンを順にはめ込んでいくことができる．同様に q_{t_2} と q'_{t_2} 以下の変数もすべて積分したとして，最終的な結果を $\rho(q_{t_2}, q'_{t_2})$ と記すことにする．(作用の形が特別なので，上で述べた条件を満たす任意の $\mathscr{G}$ についてこの形で表現することができる．) つまり，我々が計算すべき量は次のものである

$$\int \delta\left(\frac{1}{\varepsilon}\left[q_{t_2+\varepsilon}-\frac{q_{t_2}+q'_{t_2}}{2}\right]-V\right) e^{-\frac{i\varepsilon}{\hbar}\left[\frac{m}{2}\left(\frac{q_{t_2+\varepsilon}-q'_{t_2}}{\varepsilon}\right)^2-V(q_{t_2+\varepsilon})\right]}$$
$$\times e^{+\frac{i\varepsilon}{\hbar}\left[\frac{m}{2}\left(\frac{q_{t_2+\varepsilon}-q_{t_2}}{\varepsilon}\right)^2-V(q_{t_2+\varepsilon})\right]}$$
$$\times \rho(q_{t'_2}, q_{t_2})\cdot dq_{t_2+\varepsilon}\cdot\frac{dq'_{t_2}}{\sqrt{\frac{-2\pi\hbar\varepsilon i}{m}}}\cdot\frac{dq_{t_2}}{\sqrt{\frac{2\pi\hbar\varepsilon i}{m}}}.$$

指数関数の位相は組み合わせることで次のようになる：

$$\frac{i\varepsilon}{\hbar}\cdot\frac{m}{2}\left[\left(\frac{q_{t_2+\varepsilon}-q_{t_2}}{\varepsilon}\right)^2-\left(\frac{q_{t_2+\varepsilon}-q'_{t_2}}{\varepsilon}\right)^2\right].$$

$q_{t_2+\varepsilon}$ に関する δ 関数の積分によって，$q_{t_2+\varepsilon}=\frac{q_{t_2}+q'_{t_2}}{2}+v\varepsilon$ を代入することに

なり，全体に ε を掛けることで最後の結果が得られる．

$$\int \frac{m}{2\pi\hbar} e^{-\frac{imv}{\hbar}q_{t_2}} \cdot e^{+\frac{imv}{\hbar}q'_{t_2}} \cdot \rho(q_{t_2}, q'_{t_2}) dq_{t_2} dq'_{t_2}.$$

これは与えられた運動量が $p=mv$ である確率を与える通常の表式と合致する．（規格化の余分な因子は $dp=mdv$ から出てくる．）

10 強制調和振動子への応用

次節で必要になるのだが，修正された量子力学の観点から強制調和振動子の問題を考察する．この系では振動子が他の系と結合する．振動子がラグランジアンで記述される系と相互作用する場合，もちろんこの問題は量子力学の通常の手法で扱うことができる．しかしながら，(68) のような式がもたらす，いわば全時刻を一度に見通す能力が加わったことによる利点が明らかになるだろう．波動関数を使う場合，振動子と相互作用する系は，両者が数学的にたいへん堅固に組み合わさっているので相互作用する系の運動を解かないままで振動子の性質を調べることは難しい．一方ここでは，振動子を含む問題の半分を，全体の問題を解かずに解決できることを示す．

x は振動子の座標，古典作用が

$$\mathscr{A} = \mathscr{A}_0 + \int dt \left\{ \frac{m\dot{x}^2}{2} - \frac{m\omega^2 x^2}{2} + \gamma(t)x \right\} \tag{80}$$

の形だと仮定する．ここで $\mathscr{A}_0$ は振動子を含まない作用で $\gamma(t)\cdot x$ は振動子と系の残りの部分との相互作用．それゆえ，残りの系の座標を記号 Q で表せば，$\gamma(t)$ は Q の汎関数である．（振動子が他のいかなる量子力学系とも相互作用せずに，外力のみを受ける場合を考えてもよいかもしれない．この場合，$\gamma(t)$ は単に t の関数であり，時刻 t で振動子に作用する力を表す．）時刻が 0 から T の間以外では $\gamma(t)$ はゼロだと仮定して，$\langle \chi_T | 1 | \psi_0 \rangle_{\mathscr{A}}$ の形の行列要素を計算する．ここで ψ_0 は時刻 $t=0$ における波動関数（これは x と Q を含む）であり，χ_T は時刻 $t=T$ での波動関数．これを式 (68) を使って詳細に記すと，

$$\langle \chi_T|1|\psi_0\rangle_{\mathscr{A}} = \int \chi_T(Q_m, x_m) \exp \frac{i}{\hbar} \left\{ \mathscr{A}_0[\cdots Q_j \cdots] \right.$$

$$\left. + \sum_{i=0}^{m-1} \left[\frac{m}{2} \left(\frac{x_{i+1}-x_i}{t_{i+1}-t_i} \right)^2 - \frac{m\omega^2 x_i^2}{2} + \gamma_i x_i \right] \cdot (t_{i+1}-t_i) \right\}$$

$$\times \psi_0(Q_0, x_0) \frac{\sqrt{g}\, dQ_m \cdots \sqrt{g}\, dQ_0}{A_m \cdots A_1}$$

$$\times \frac{dx_m \cdot dx_{m-1} \cdots dx_0}{\sqrt{\frac{2\pi i\hbar}{m}(t_m-t_{m-1})} \cdots \sqrt{\frac{2\pi i\hbar}{m}(t_1-t_0)}}. \tag{81}$$

ここで，A_m は作用 $\mathscr{A}_0[Q_j]$ についての適当な規格化定数，Q_i は時刻 t_i での変数 Q を表し，また x_i は時刻 t_i での変数 x，かつ $\gamma_i = \gamma(t_i)$ は Q_i の関数を表す．$t_m = T$ および $t_0 = 0$ とした．

被積分関数が x_i（$i \neq 0, m$ について）の二次関数である限り，x_i について実際に積分を実行し，Q_i の積分は後に残してよい．この作業を簡単にするため，区間 $t_{i+1} - t_i$ をすべて等しく ε と置くことにする．その結果，ここで調べているものは

$$G_\gamma(x_m, x_0; T) = \lim_{\substack{\varepsilon \to 0 \\ m\varepsilon \to T}} \iint \cdots \int \exp\left\{ \frac{i\varepsilon}{\hbar} \sum_{i=0}^{m-1} \left[\frac{m}{2}\left(\frac{x_{i+1}-x_i}{\varepsilon}\right)^2 \right. \right.$$

$$\left. \left. - \frac{m\omega^2 x_i^2}{2} + \gamma_i x_i \right] \right\} \frac{dx_{m-1} \cdots dx_1}{\sqrt{\frac{2\pi\varepsilon\hbar i}{m}} \cdots \sqrt{\frac{2\pi\varepsilon\hbar i}{m}}} \tag{82}$$

となる．

最初に x_1，次に x_2 など，順番に積分していく．結果は帰納法によって決める．x_1 から x_{i-1} まで積分した後では，以下の形

$$A_i e^{\frac{i}{\hbar}(\alpha_i x_i^2 + \beta_i x_i x_{i+1} + \delta_i x_i + \eta_i)} \cdot \frac{dx_i}{\sqrt{\frac{2\pi\varepsilon\hbar i}{m}}} \tag{83}$$

によって，被積分関数は他の x を含む因子を除いて，x_i について二次だと推測できる．ここで，A_i, δ_i, η_i は定数であり x_i や x_{i+1} などに依らないことが

わかる．x_i について積分するには，指数部を

$$\frac{i}{\hbar}\alpha_i\left[x_i+\frac{\beta_i x_{i+1}+\delta_i}{2\alpha_i}\right]^2-\frac{i}{\hbar}\frac{(\beta_i x_{i+1}+\delta_i)^2}{4\alpha_i}+\frac{i}{\hbar}\eta_i$$

と記し，変数を x_i から $x_i+\dfrac{\beta_i x_{i+1}+\delta_i}{2\alpha_i}$ に替えて，$\int e^{\frac{i}{\hbar}\gamma^2}d\gamma=\sqrt{\hbar\pi i}$ を使う．すると $\dfrac{A_i}{\sqrt{2\varepsilon\alpha_i/m}}\exp\dfrac{i}{\hbar}\left(\eta_i-\dfrac{(\beta_i x_{i+1}+\delta_i)^2}{4\alpha_i}\right)$ を得る．これと，(82) の指数関数の一部で x_{i+1} に依存する項

$$\exp\frac{i}{\hbar}\left(\frac{2mx_{i+1}^2}{2\varepsilon}-\frac{mx_{i+1}x_{i+2}}{\varepsilon}-\frac{m\omega^2\varepsilon}{2}x_{i+1}^2+\varepsilon\gamma_{i+1}x_{i+1}\right)$$

を乗じる．すると x_i の積分の後での被積分関数で x_{i+1} に依存する部分は

$$\frac{A_i}{\sqrt{2\varepsilon\alpha_i/m}}\exp\frac{i}{\hbar}\Bigg\{\frac{2mx_{i+1}^2}{2\varepsilon}-\frac{mx_{i+1}x_{i+2}}{\varepsilon}-\frac{m\omega^2\varepsilon}{2}x_{i+1}^2$$
$$+\gamma_{i+1}\cdot\varepsilon x_{i+1}+\eta_i-\frac{\beta_i^2 x_{i+1}^2}{4\alpha_i}-\frac{\beta_i\delta_i}{2\alpha_i}x_{i+1}-\frac{\delta_i^2}{4\alpha_i}\Bigg\}\cdot\frac{dx_{i+1}}{\sqrt{\dfrac{2\pi\varepsilon\hbar i}{m}}}$$

である．これは再び (83) と同じ形であるため，ここでの推測は以下のように置けば首尾一貫する：

$$A_{i+1}=\sqrt{\frac{m}{2\varepsilon\alpha_i}}\cdot A_i, \tag{84}$$

$$\alpha_{i+1}=\frac{m}{\varepsilon}-\frac{\beta_i^2}{4\alpha_i}-\frac{m\omega^2\varepsilon}{2}, \tag{85}$$

$$\beta_{i+1}=-\frac{m}{\varepsilon}, \tag{86}$$

$$\delta_{i+1}=\varepsilon\gamma_{i+1}-\frac{2\delta_i\beta_i}{4\alpha_i}, \tag{87}$$

$$\eta_{i+1}=\eta_i-\frac{\delta_i^2}{4\alpha_i}. \tag{88}$$

結果として，β_i が定数 $-\dfrac{m}{\varepsilon}$ であることを注意しておく．$\alpha_i-\dfrac{m}{2\varepsilon}$, δ_i, η_i, A_i がすべて有限であるとする仮定(首尾一貫しているので，結果として正しい)の下，$\varepsilon\to 0$ の極限で他の式を解く．

(85) を (86) で置き換え，

$$\alpha_i = \frac{m}{2\varepsilon} + \lambda_i \tag{89}$$

と置くと，

$$\lambda_{i+1} = \frac{m}{2\varepsilon} - \frac{m^2}{4\varepsilon^2 \left(\frac{m}{2\varepsilon} + \lambda_i\right)} - \frac{m\omega^2 \varepsilon}{2}$$

を得る．分数 $\dfrac{1}{1+\frac{2\varepsilon}{m}\lambda_i}$ を級数 $1 - \frac{2\varepsilon}{m}\lambda_i + \frac{4\varepsilon^2}{m^2}\lambda_i^2$ で展開し，残りの項を落とすと，$\lambda_{i+1} - \lambda_i = -\frac{2\varepsilon}{m}\lambda_i^2 - \frac{m\omega^2}{2}\varepsilon$ となる．λ_i を t_i の関数とみなし，両辺を ε で割ると極限 $\varepsilon \to 0$ にて

$$\frac{d\lambda}{dt} = -\frac{2}{m}\lambda^2 - \frac{m\omega^2}{2} \tag{90}$$

と書いてよいだろう．これは解

$$\lambda = \frac{m\omega}{2}\cot\omega(t+\text{定数}) \tag{91}$$

を持つ．小さい t（つまり $t=\varepsilon$）に対して，α は $\dfrac{m}{\varepsilon}$ なので，λ は $\dfrac{m}{2\varepsilon}$ に近づくはずである．もし (91) の定数がゼロならばそうなる．したがって，

$$\alpha = \frac{m}{2\varepsilon} + \lambda = \frac{m}{2\varepsilon} + \frac{m\omega}{2}\cot\omega t. \tag{92}$$

これを (84) に代入すると，結果として ε が小さい場合 $A_{i+1} = \dfrac{A_i}{\sqrt{1+\varepsilon\omega\cot\omega t}}$ $\cong A_i\left(1 - \dfrac{\varepsilon\omega}{2}\cot\omega t\right)$ が得られる．すると極限では $\dfrac{dA}{dt} = -A \cdot \dfrac{\omega}{2}\cot\omega t$. ゆえに $A = \dfrac{\text{定数}}{\sqrt{\sin\omega t}}$. t が ε 程度であれば A は $\dfrac{i}{\sqrt{\frac{2\pi\varepsilon\hbar i}{m}}}$ なので，この定数は $\sqrt{\dfrac{m\omega}{2\pi i\hbar}}$ となるはず．すると

$$A = \sqrt{\frac{m\omega}{2\pi i\hbar \sin\omega t}}. \tag{93}$$

α と β を (87) に代入すると

$$\delta_{i+1} = \varepsilon\gamma_{i+1} + \frac{m\delta_i}{2\varepsilon\left(\frac{m}{2\varepsilon} + \frac{m\omega}{2}\cot\omega t\right)}$$

を得る．ここから微分方程式 $\dfrac{d\delta}{dt} = \gamma - \delta\cdot\omega\cot\omega t$ が導かれる．この方程式は一般解

$$\delta = \frac{1}{\sin\omega t}\int_0^t \gamma(s)\sin\omega s\, ds + \frac{\text{定数}}{\sin\omega t}$$

を持つ．t が ε 程度の小さな値のとき δ は $-\dfrac{m}{\varepsilon}x_0$ に近づくので，ここでの定数は $-m\omega x_0$．それゆえ

$$\delta = -\frac{m\omega x_0}{\sin\omega t} + \frac{1}{\sin\omega t}\int_0^t \gamma(s)\sin\omega s\, ds. \tag{94}$$

式 (88) の α を主要項 $\dfrac{m}{2\varepsilon}$ で置き換えると，極限で方程式 $\dfrac{d\eta}{dt} = -\dfrac{\delta^2}{2m}$ を得る．ゆえに

$$\eta = -\int^t \frac{[\delta(t)]^2}{2m}\, dt \tag{95}$$

となる．これは $t \to \varepsilon$ の極限での条件 $\eta \to \dfrac{m}{2\varepsilon}x_0^2$ に従う．いまや $G_\gamma(x_m, x_0; T)$ を計算するのにこれらの結果を用いることができる．

次の量

$$e^{\frac{i}{\hbar}\left(\frac{m}{2\varepsilon}x_m^2 - m\frac{x_m x_{m+1}}{\varepsilon}\right)} G_\gamma(x_m, x_0; T) = A_m e^{\frac{i}{\hbar}(\alpha_m x_m^2 + \beta_m x_m x_{m+1} + \delta_m x_m + \eta_m)}$$

の成り立ちから明らかなように，極限 $\varepsilon \to 0$, $m\varepsilon \to T$ では式 (92), (86), (94), (95), (93) から G を計算してよい．多少の式変形の後に，かなり便利な形

$$G_\gamma(x, x'; T) = G_0(x-a, x'-b; T)\cdot\exp\frac{i}{2m\omega\hbar}$$
$$\times \left\{\int_0^T\int_0^t \gamma(s)\gamma(t)\sin\omega(t-s)\,ds\,dt + m^2\omega^2\sin\omega T\cdot a\cdot b\right\} \tag{96}$$

に書き下すことができる (x_m を x にし，x_0 を x' に置き換えた)．ここで

$$a = \frac{1}{m\omega\sin\omega T}\int_0^T \gamma(t)\cos\omega t\, dt \tag{97}$$

および
$$b = \frac{1}{m\omega \sin \omega T} \int_0^T \gamma(t) \cos \omega(T-t) dt. \qquad (98)$$

また，$G_0(y, y'; T)$ は $\gamma=0$ での $G_\gamma(y, y'; T)$ の値であり，よく知られている，摂動を受けていない調和振動子の生成関数である：

$$G_0(y, y'; T)$$
$$= \sqrt{\frac{m\omega}{2\pi i\hbar \sin \omega T}} \exp \frac{m\omega i}{2\hbar \sin \omega T} \{(y^2 + (y')^2)\cos \omega T - 2yy'\}. \qquad (99)$$

式 (81) に戻り，問題となる平均の簡単化された表式
$$\langle \chi_T | 1 | \psi_0 \rangle_{\mathscr{A}} = \int \chi_T(Q_m, x) e^{\frac{i}{\hbar} \mathscr{A}_0[...Q_i...]}$$
$$\times G_\gamma(x, x'; T) \psi_0(Q_0, x') dx dx' \cdot \frac{\sqrt{g}\, dQ_m \cdots \sqrt{g}\, dQ_0}{A_m \cdots A_1}$$
$$(100)$$

が得られる．この式は次節で必要になる．ある意味でこれは古典的な場合の振動子の運動方程式の解 (26), (27), (28) に類似する．ここでは，古典的な場合と同様に，相互作用する系の運動を実際に計算せずとも，振動子の運動の解が相互作用する系を使って表現されている．

11 振動子を媒介して相互作用する粒子

本節では，本論文の第 II 章 4 節で論じた問題と量子的に類似する問題について論じる．二つの原子 A と B が与えられたとする．それぞれは振動子 O と相互作用する．このとき振動子の運動を無視し，原子が直接相互作用すると考えることがどの程度までできるだろうか？ この問題は特別な場合についてはフェルミ (Fermi)[15] によって解かれた．フェルミは縦波を表現する電磁場の振動子をハミルトニアンから取り除くには，粒子間に瞬時に伝わるクーロン相互作用項を導入すればよいことを示した．これと我々の問題は似ているのだが，一般の場合，古典論で類似する系からわかるように相互作用は瞬時に伝わ

---
15) E. Fermi, *Rev. Mod. Phys.* **4** (1932), p. 131.

るものではないので，ハミルトン形式では表現できない点で異なる．

古典的な類似系に沿って予想すると，振動子のあらゆる可能な運動に対しては，振動子を持つ系と振動子を持たない系は等価ではなく，振動子のいくつかの性質(例えば最初と最後の位置)を指定した場合だけ等価になる．ここで論じるような，これらの性質は系のある時刻のみのものではない．このため，振動子のある時刻での特定の波動関数を使って状態を指定することだけでは等価性を見いだせないだろう．これこそが通常の量子力学の手法がこの問題を解決するのに十分ではない理由である．

古典系との類推からすると，ここで問うべき自然な問題は「粒子だけを含む汎関数 $\mathscr{F}$ の期待値を計算せよ．ただし，時刻0での振動子の位置 $x(0)=\alpha$ および時刻 T での $x(T)=\beta$ が与えられていたとする．」である．もし，与えられた α と β について，この問題の解答が，粒子のみ含む作用原理について (79) とまったく同じの形の公式で計算された $\mathscr{F}$ の期待値と同じであると示せたとする．これは直接的な相互作用を振動子を媒介した作用で表現できる条件を見いだすことになるだろう．

つまり，以下のような条件

$$\mathrm{Tr}\left\langle \mathscr{F}\cdot\delta\left(\frac{x_T+x_T'}{2}-\beta\right)\cdot\delta\left(\frac{x_0+x_0'}{2}-\alpha\right)\right\rangle_{A,B,\&O} = (\text{定数})\cdot\mathrm{Tr}\langle\mathscr{F}\rangle_{A,B} \tag{101}$$

を課すことにしたい(60〜61ページ参照)．ここで左辺のトレースは粒子と振動子に関して計算したもので，右辺は粒子のみについてのトレース．(定数が現れるのは規格化していない期待値にのみ興味があるため，このトレースは別途規格化することができるからである．)

話を簡単にするため，粒子の複数ある座標を Q とまとめ，粒子の作用を $\mathscr{A}_0$ とする．振動子は座標を $x(t)$，ラグランジアンを $\frac{m}{2}\dot{x}^2-\frac{m}{2}\omega^2x^2$ とし，その相互作用項を $\gamma(t)x(t)$ とする．ここで $\gamma(t)$ は $Q(t)$ の汎関数．振動子を消去した場合の粒子の作用は $\mathscr{A}_0+\mathscr{I}$ とする．ここで，Q のみを含む汎関数 $\mathscr{I}$ は相互作用を記述する作用であり，(101) を満たすことが後でわかる．

もし式 (101) が任意の汎関数 $\mathscr{F}$ で成立するならば，(79) により次のように

なる：

$$\int \exp \frac{i}{\hbar}\left[\mathscr{A}_0+\int_0^T \gamma(t)x(t)dt+\int_0^T \frac{m}{2}(\dot{x}^2-\omega^2 x^2)dt\right]$$
$$\times \exp -\frac{i}{\hbar}\left[\mathscr{A}_0'+\int_0^T \gamma'(t)x'(t)dt+\int_0^T \frac{m}{2}(\dot{x}'^2-\omega^2 x'^2)dt\right]$$
$$\times \delta\left(\frac{x_T+x_T'}{2}-\beta\right)\delta\left(\frac{x_0+x_0'}{2}-\alpha\right)dx_T dx_0$$
$$\times \frac{dx\cdots dx}{A\cdots A}\cdot\frac{dx'\cdots dx'}{A^*\cdots A^*}$$
$$=(\text{定数})\times \int \exp \frac{i}{\hbar}[\mathscr{A}_0+\mathscr{I}]\cdot\exp -\frac{i}{\hbar}[\mathscr{A}_0'+\mathscr{I}']$$
$$\times \delta\left(\frac{x_T+x_T'}{2}-\beta\right)\delta\left(\frac{x_0+x_0'}{2}-\alpha\right)dx_T dx_0 \frac{dx\cdots dx\, dx'\cdots dx'}{A\cdots A^*\cdots}. \tag{102}$$

ここで，$\mathscr{A}_0'$, γ', $\mathscr{I}'$ は $\mathscr{A}$, γ, $\mathscr{I}$ と同じ汎関数に異なる変数(Q')を代入したもの．x についての積分をどう進めるかは (79) に詳細に記した[16]．もちろん両辺から $e^{\frac{i}{\hbar}(\mathscr{A}_0-\mathscr{A}_0')}$ を分けておくことができる．ここでの中心問題は，左辺が振動子の座標についてすべて積分することで，Q' のみ含む指数関数，および Q のみを含む同じ汎関数の符号をマイナスにした指数関数との積にできることを示すことである．これは一般には決して正しくはないだろう．また，これは (102) の左辺の δ 関数を特別に選んだ結果である．

変数 x については作用がラグランジアンで書かれているので，9 節の最後で示した方法を使って，x_{T_2} から x_T までのすべての x と x' をすぐに積分できる (62 ページ参照)．同様に x_{T_1} から x_0 までについても積分できる．続いて，$x_{0+\varepsilon}'$ から $x_{T-\varepsilon}'$ の x' の積分は前節の方法により求まり $G_{\gamma'}^*(x_T,x_0;T)$ を得る．対応する中間領域の x の積分から $G_\gamma(x_T,x_0;T)$ が出てくる．したがって，

$$\iint \delta(x_T-\beta)\delta(x_0-\alpha)G_{\gamma'}^*(x_T,x_0;T)G_\gamma(x_T,x_0;T)dx_T dx_0$$
$$=(\text{定数})\times e^{-\frac{i}{\hbar}\mathscr{I}'}e^{\frac{i}{\hbar}\mathscr{I}} \tag{103}$$

---

16) 原書編者注：(102) の右辺は論文のタイプライター原稿では欠落している．ここでの形は編者による周りの文章からの推測．

が示されなければならない．

　左辺の被積分関数は $G_\gamma(\beta,\alpha;T)G_\gamma(\beta,\alpha;T)$ のことで，β と α を式 (96)-(99) に代入することで，次の条件を課すと左辺が右辺と同じ形を取ることがわかる．まず (定数)$=\dfrac{m\omega}{2\pi\hbar\sin\omega T}$ とおき，つぎに $\mathscr{I}$ について

$$\begin{aligned}\mathscr{I} =\ & \frac{m\omega\cot\omega T}{2}[(\beta-b)^2+(\alpha-a)^2]-\frac{m\omega}{\sin\omega T}(\beta-b)(\alpha-a) \\ & +\frac{1}{2m\omega}\int_0^T\int_0^t\gamma(t)\gamma(s)\sin\omega(t-s)dtds+\frac{m\omega}{2}\sin\omega T\cdot ab\end{aligned}$$

を要請する．ここで a と b は (97)，(98) のようにする．この γ を γ' で置き換えたものが $\mathscr{I}'$．少し整理した後で

$$\begin{aligned}\mathscr{I} =\ & \int_0^T\frac{\alpha\sin\omega(T-t)+\beta\sin\omega t}{\sin\omega T}\gamma(t)dt \\ & -\frac{1}{m\omega\sin\omega T}\int_0^T\int_0^t\sin\omega(T-t)\sin\omega s\,\gamma(s)\gamma(t)dsdt \\ & +\frac{m\omega\cot\omega T}{2}[\beta^2+\alpha^2]-\frac{m\omega}{\sin\omega T}\beta\alpha\end{aligned}\tag{104}$$

が得られる．これは対応する古典的な問題の作用で得た表式 (35) において，x の初期値を $x(0)=\alpha$，最後の値を $x(T)=\beta$ としたものと同じものである．ここで加わった定数項はもちろん意味はない．($\mathscr{I}'$ での対応する項と相殺する．)

　それゆえ，古典作用に相互作用項 $\mathscr{I}$ を持つ粒子は，相互作用を媒介する振動子を持つ系に置き換えることができる．ただし，粒子の任意の汎関数の期待値を計算する場合に，振動子の初期条件が α であることが既知であり，かつ，最後の位置が β であることが既知であるとする条件の下での話である．注意したいこととして，これまでのところ，振動子を持つ系が持たない系と一般に等価だとは証明していない．というのも，これは正しくないからである．等価性が成立するのは振動子が特定の条件を満たす場合のみである．

　作用原理を導く条件のもう一つの例 (28) について，以前に古典的な場合を調べたが，ここでは次の問題を問うことになる．「振動子について

$$\frac{1}{2}\left[x(0)+x(T)\cos\omega T-\dot{x}(T)\frac{\sin\omega T}{\omega}\right]=R_0$$

および $\frac{1}{2}\left[x(T)+x(0)\cos\omega T+\dot{x}(0)\frac{\sin\omega T}{\omega}\right]=R_T$ が成立する場合について，$\mathscr{F}$ の期待値を計算せよ」．

これに答えるには (102) に似た方程式を満たさねばならない．ただし，そこでの $\delta\bigl(\frac{x_T+x'_T}{2}-\beta\bigr)\cdot\delta\bigl(\frac{x_0+x'_0}{2}-\alpha\bigr)$ を

$$\delta\biggl(\frac{1}{4}\biggl\{x_0+x'_0+(x_T+x'_T)\cos\omega T \\ -\frac{(x_{T+\varepsilon}+x'_{T+\varepsilon})-(x'_T+x_T)}{\varepsilon\omega}\sin\omega T\biggr\}-R_0\biggr) \\ \times\delta\biggl(\frac{1}{4}\biggl\{x_T+x'_T+(x_0+x'_0)\cos\omega T \\ +\frac{(x_0+x'_0)-(x'_{-\varepsilon}+x_{-\varepsilon})}{\varepsilon\omega}\sin\omega T\biggr\}-R_T\biggr) \quad (105)$$

に置き換える．

この場合，x と x' について積分できるのは x_{T_2} から $x_{T+\varepsilon}$ までのみで，ラグランジアンの因子が余分に残る．また x_{T_1} からの積分も $x_{-\varepsilon}$ までしかできない．以前と同様に x_0 から x_T の間は積分でき，G 関数が出てくる．結果として，以下を満たすような $\mathscr{I}$ を探さなければならない：

$$\int\biggl\{dx_{T+\varepsilon}\cdot e^{-\frac{i\varepsilon}{\hbar}\left[\frac{m}{2}\left(\frac{x_{T+\varepsilon}-x'_T}{\varepsilon}\right)^2-\frac{m\omega^2}{2}x^2_{T+\varepsilon}\right]}\cdot\frac{dx'_T}{\sqrt{\frac{2\pi i\varepsilon\hbar}{-m}}}\cdot G^*_{\gamma'}(x'_T,x'_0;T) \\ \times\frac{dx'_0}{\sqrt{\frac{2\pi i\varepsilon\hbar}{-m}}}\cdot e^{-\frac{i\varepsilon}{\hbar}\left[\frac{m}{2}\left(\frac{x'_0-x_{-\varepsilon}}{\varepsilon}\right)^2-\frac{m\omega^2}{2}(x'_0)^2\right]} \\ \times\delta\biggl(\frac{1}{4}\biggl\{x_0+x'_0+(x_T+x'_T)\cos\omega T-\frac{2x_{T+\varepsilon}-(x'_T+x_T)}{\varepsilon\omega}\sin\omega T\biggr\}-R_0\biggr) \\ \times\delta\biggl(\frac{1}{4}\biggl\{x_T+x'_T+(x_0+x'_0)\cos\omega T+\frac{(x'_0+x_0)-2x_{-\varepsilon}}{\varepsilon\omega}\sin\omega T\biggr\}-R_T\biggr) \\ \times e^{\frac{i\varepsilon}{\hbar}\left[\frac{m}{2}\left(\frac{x_{T+\varepsilon}-x_T}{\varepsilon}\right)^2-\frac{m\omega^2}{2}x^2_{T+\varepsilon}\right]}\frac{dx_T}{\sqrt{\frac{2\pi i\varepsilon\hbar}{m}}}\cdot G_\gamma(x_T,x_0;T)\cdot\frac{dx_0}{\sqrt{\frac{2\pi i\varepsilon\hbar}{m}}} \\ \times e^{+\frac{i\varepsilon}{\hbar}\left[\frac{m}{2}\left(\frac{x_0-x_{-\varepsilon}}{\varepsilon}\right)^2-\frac{m\omega^2}{2}x^2_0\right]}\cdot dx_{-\varepsilon}\biggr\}=(\text{定数})\cdot e^{-\frac{i}{\hbar}\mathscr{I}'}e^{\frac{i}{\hbar}\mathscr{I}}. \quad (106)$$

この入り組んだ式はまったく素直に積分できるので，ここには記さない（最初に $dx_{T+\varepsilon}$ と $dx_{-\varepsilon}$ について積分するのがよい．$\varepsilon \to 0$ の極限で重要ではないので $e^{+\frac{i\varepsilon}{\hbar}\frac{\omega^2}{2}(x_0')^2} e^{-\frac{i\varepsilon}{\hbar}\frac{\omega^2}{2}x_0^2}$ の項は無視できる）．結果は，左辺を右辺と等しくさせるためには定数を $\dfrac{2\pi\hbar m\omega}{\sin \omega T}$ に選び，$\mathscr{I}$ を次のように取ればよいということである：

$$\mathscr{I} = \int_0^T \frac{R_0 \sin\omega(T-t) + R_T \sin\omega t}{\sin\omega T} \gamma(t) dt \\ + \frac{1}{2m\omega} \int_0^T \int_0^t \sin\omega(t-s)\gamma(t)\gamma(s) dt ds. \quad (107)$$

また，ここの γ を γ' に置きかえることで，$\mathscr{I}'$ の同様の表式が出てくる．これは再び古典系の結果と合致する．

　問「振動子が最初に位置 w，速度 v であることがわかっている場合について，$\mathscr{F}$ の期待値を計算せよ」に答えるには，式 (102) に類似した方程式を満たすようにしなければならない．ただし，ここでは $\delta\left(\dfrac{x_T + x_T'}{2} - \beta\right) \cdot \delta\left(\dfrac{x_0 + x_0'}{2} - \alpha\right)$ を

$$\delta\left(\frac{x_0 + x_0'}{2} - w\right) \cdot \delta\left(\frac{x_0 + x_0'}{2\varepsilon} - \frac{x_{-\varepsilon} + x_{-\varepsilon}'}{2\varepsilon} - v\right)$$

に置き換える．しかしながら，こう置き換えてから積分すると，(102) の左辺は

$$\frac{m}{2\pi\hbar} \exp \frac{i}{2\hbar m\omega} \Biggl\{ \int_0^T 2(\gamma(t) - \gamma'(t))(mv\sin\omega t + \omega w \cos\omega t) dt \\ + \int_0^T \int_0^t (\gamma(t) - \gamma'(t))(\gamma(s) + \gamma'(s))\sin\omega(t-s) dt ds \Biggr\} \quad (108)$$

となる．$\mathscr{I}$ をどう選んでも (102) を満たすことはできない．また，今回は (108) の指数関数部に γ と γ' に関する $\gamma(t)\gamma'(s)$ のような積の形の項が現れる．これは初期条件と速度を与えた場合に作用が存在しないとした古典論での結果に相当する．

　これらの結果は，ハミルトニアンを持たない系への形式的な一般化の立証として役立つ．これらは電磁気学への明白な応用があるが，これについては将来扱うことにし，ここでは立ち入らない．

本節を終える前に，式 (108) についての注意を述べたい．これは，量子力学的な最小作用の原理で表現される系とは繋がらない．しかしながら $\mathscr{F}$ の平均を計算するのに式 (108) に $\exp\frac{i}{\hbar}(\mathscr{A}_0-\mathscr{A}_0')$ を乗じたものと $\mathscr{F}$ を掛けすべての Q と Q' で積分することはもちろん正しい．つまり，この系の $\mathscr{F}$ の期待値は (79) に似た方法で計算され，違うのは，(79) で $\frac{i}{\hbar}\{\mathscr{A}[Q]-\mathscr{A}[Q']\}$ の形を取る指数関数の位相が $\frac{i}{\hbar}\mathscr{B}(Q,Q')$ の形を取るところだけである．ここで，$\mathscr{B}$ は (108) の表式を含む量である．

このようにして記述される系は，$\hbar\to 0$ としての古典極限でどのように振る舞うべきだろうか？ディラックの論法(39 ページ参照)からの結論は，Q と Q' が二つの式

$$\frac{\delta\mathscr{B}(Q,Q')}{\delta Q(t)} = 0 \quad \text{および} \quad \frac{\delta\mathscr{B}(Q,Q')}{\delta Q'(t)} = 0$$

の両方を満たす場合のみが重要になる．

上の二番目の式は，$\mathscr{B}(Q,Q')=-\mathscr{B}(Q',Q)$ なので，最初の式で Q と Q' を交換すれば出てくる．そのため，これらを満たす解の一つは，$Q(t)=Q'(t)$ を満たし，かつ $Q(t)$ が

$$\left.\frac{\delta\mathscr{B}(Q,Q')}{\delta Q(t)}\right|_{Q'(t)=Q(t)} = 0 \tag{109}$$

を満たすものであろう．

(108) で与えられる $\mathscr{B}$ では，(26) の $x(t)$ を (24) に代入し，$x(0)$ を w，$\dot{x}(0)$ を v で置き換えることで得られる古典的な運動方程式が，ここから即座に得られる．これが示唆することは，古典的には単純な最小作用の原理を満たさない系の量子化法なのだが，ここでは調べないことにする．

12 結論

ここまでにおいて，量子論の一般化として，古典論で類似する系が最小作用の原理で記述される場合に適用できるものを提示した．しかしながら，ここで示した説明に関するいくつかの困難と限界を強調することは重要である．

最も重要な限界の一つは既に論じている．物理的な観点からは，これらの公式の解釈はいささか不満足なものである．遷移確率の概念を使った解釈では，

対象とする物理系を変更しなければならず，さらに，対象とするものから遠い時刻での系の状態を論じる必要がある．期待値による解釈はこの困難を回避するが不完全である．というのも，ある汎関数が実の物理的な観測量を表現するための規準がないからである．観測の理論の解析がここでは必要とされているのかもしれない．"波束の収縮"のような概念を直接に適用することはできない．なぜなら数式上は系の全時刻を記述しているはずであり，もし考察の対象となる時間中に測定がなされるならば，そのことを最初から式中のどこかに含めなければならないからである．まとめると，物理的な解釈として，興味のある現時刻から極めて遠く離れた時刻の系の振る舞いには触れないようなものを探求すべきである．

あいまいな点の一つは規格化因子 A である．与えられた作用の表式について，これを決める規則は与えられていない．この問題は，時間の尺度を分割する極限過程が (68) のような式で必要になるが，どのような条件でこれが実際に収束するかについての困難な数学的問題と関係している．

相対論的な量子力学，およびディラック方程式がここでの観点からどのような形を取るかについても未解決である．古典相対論の形式(固有時の積分)を作用に代入する試みでは，作用を積分する座標のある箇所にて，そこに出てくる平方根が虚数になることと関係した困難が現れた．

どんな物理理論であっても，もちろん最終的には実験によって試される．本論文では実験との比較はない．筆者の願いは，これらの方法を量子電磁気学に適用することである．そのような直接的な適用によってのみ，実験との比較が可能である．

筆者は John A. Wheeler 教授の絶え間ない助言と励ましに感謝の念を表します．

付録1

非相対論的な量子力学への時空からのアプローチ[*]

R. P. ファインマン（ニューヨーク，イサカ，コーネル大学）

要旨

　非相対論的な量子力学を通常とは異なる方法で定式化する．しかしながら数学的には，これはよく知られた定式化と等価である．量子力学では，異なるいくつかの道筋で起き得るような事象の確率は，複素数値を取る寄与を足し合わせ，和の絶対値を自乗したものである．そこでの寄与の一つ一つはそれぞれ選び得る道筋からのものである．時空のどこかを通る経路 $x(t)$ に粒子を見いだす確率は，その領域の経路それぞれからの寄与の和の自乗である．一つの経路からの寄与は指数関数の形を取り，その(指数の虚部にある)位相は問題とする経路の古典作用(の $\hbar$ を単位としたもの)である．過去から x, t に到達するすべての経路からの寄与全体が波動関数 $\psi(x,t)$ のことである．これがシュレーディンガー(Schroedinger)方程式を満たすことが示される．行列および演算子による代数との関係を議論する．応用については，特に電磁場の振動子の座標を量子電磁気学の方程式から消去することを示す．

1　序論

　奇妙な歴史的事実ではあるが，現代の量子力学は二つのまったく異なる数学的な定式化から始まった：これらはシュレーディンガーの微分方程式とハイゼンベルク(Heisenberg)の行列代数である．表面的には異なる二つのアプローチが数学的には等価だと証明された．これら二つの観点はお互いが相補的であ

---

[*] 原論文は R. P. Feynman, *Rev. Mod. Phys.* **20** (1948) pp. 367-387.

り，最後にはディラック(Dirac)の変換理論にて統合されることとなった．

　この論文は非相対論的な量子論について三番目となる定式化の本質を示すものである．この定式化を触発したものは，ディラック[1),2)]による古典作用[3)]と量子力学との関係についての注意である．確率振幅は，単にある時刻での粒子の位置に関するものではなく，むしろ時間の関数としての粒子の運動全体と結びつくものである．

　この定式化は数学的には従来の定式化と等価である．それゆえ，基本的には新しい結果はない．しかしながら，古い事柄を新たな観点から認識する喜びはある．さらに，新しい観点が明確な利点をもたらすような問題がある．例えば，もし二つの系 A と B が相互作用するならば，一方の座標を B と記し，これを A の運動を記述する方程式から消去してもよい．B との相互作用は A の運動に関する確率振幅の式を変更することで表現される．これは，古典的な状況で B の効果が(A に作用する力を表現する項を導入することにより)A の運動方程式への変更点として表現されることに類似するものである．このようにして電磁場の縦成分と横成分に対応する振動子を量子電磁気学の方程式から消去できる．

　加えて，現在の理論を変えるための着想や，現在の実験を理解するのに必要な変更を新しい観点が鼓舞する希望はいつでもある．

　我々はまず量子力学における確率振幅の重ね合わせに関する一般的な概念を議論する．それから，時空の中のあらゆる運動や経路(時間対位置)についての確率振幅を定義するため，どのようにしてこの概念がすぐさま一般化されるかを示す．経路について古典的に計算された作用に比例する位相を確率振幅が持つとする仮説から，通常の量子力学が導かれることを示す．これは作用が速度の二次関数の時間積分のとき正しい．行列および演算子の代数との関係を，この新しい定式化の言語になるべく沿って議論する．この議論にはなんら実用的

---

　1)　ディラック『量子力學(原書第 4 版)』(岩波書店，1968 年) §32; P. A. M. Dirac, *Physik. Zeits. Sowjetunion* **3** (1933) pp. 64–72 (訳注: 和訳を本書に収録した)も参照．

　2)　P. A. M. Dirac, *Rev. Mod. Phys.* **17** (1945) p. 195.

　3)　本論文を通じて，「作用」はラグランジアンの経路に沿った時間積分を意味する．古典的に運動する粒子によって実際に経路が選ばれる場合，この積分はハミルトンの第一主関数と呼ぶのがよりふさわしい．

な長所はない．しかし，広い種類の作用汎関数への一般化を注意深く観察するならばそこで得られる公式は極めて示唆的である．最後に，定式化の応用を論じる．特別な説明として，調和振動子の座標がどのようにしてそれと相互作用する系の運動方程式から消去できるかを示す．これは量子電磁気学への応用へすぐに一般化できる．スピンや相対論的な効果を含めるような形式的な一般化を示す．

2 確率振幅の重ね合わせ

ここで示す定式化が含む本質的なアイデアは，時間の関数として完全に指定された運動に結びついた確率振幅の概念である．それゆえ，量子力学での確率振幅の重ね合わせの概念について詳しくおさらいする価値がある．古典物理学から量子物理学への移行で要求される，物理観の本質的な変化を検討する．

この目的のため，仮想的な実験として時間について順番に三つの測定をしてみる：まず量 A について，次に B，そして C とする．これらが本当に別の量である必要はなく，順序の付いた三つの位置測定だとしてもよい．a は測定 A で生じ得るいくつかの結果の一つ，b は B で起き得る結果，c は三番目の測定 C から起こりうる結果だとする[4]．以下，測定 A, B, C は量子力学では状態を完全に指定する測定だと仮定する．これは例えば B が値 b を取るような状態が縮退していないことである．

量子力学が確率を扱うことはよく知られたことだが，当然なこととして，これが話のすべてではない．より明瞭に古典論と量子論の関係を示すには，古典力学でも確率を論じていると考えることができよう．ただし，そこでの確率は 0 か 1 かのどちらかである．よりうまい方法は，古典論では確率が古典統計力学の意味におけるものだと考えることだ（そこでは内部座標は完全には指定されていないかもしれない）．

P_{ab} の定義は，測定 A が結果 a を与え，次に測定 B が結果 b を与える場合の確率とする．同様に，P_{bc} は測定 B が結果 b を与え，次に測定 C が結果 c

---

[4] a, b, c のある値は量子論では取り得ないが，古典論では取り得る場合がある．このことは我々の議論で重要ではない．議論を簡潔にするために，値はどちらでも同じにして，ある値の確率はゼロであってもよいとする．

を与える場合の確率とする．さらに，P_{ac} は測定 A が a で測定 C が c となる確率とする．そして P_{abc} は三つすべて，つまり A が a で，つぎに B が b で C が c である確率を記すものとする．もし a と b の間の事象が，b と c の間の事象と独立であれば，

$$P_{abc} = P_{ab}P_{bc} \tag{1}$$

である．B が b であるとする言明が状態を完全に決定する場合，量子論によればこの式は正しい．

どのような場合でも期待されることは，関係式

$$P_{ac} = \sum_b P_{abc} \tag{2}$$

が成立することである．なぜなら，最初の測定 A が a を与え，後で系が測定 C について結果が c を与えることがわかったとすると，A と C の中間の時刻で量 B は何かしらの値を取るはずだからである．この結果が b である確率が P_{abc} である．b についての互いに排他的な選択肢すべてについて和あるいは積分を実行する（記号として $\sum_b$ で記す）．

さて，古典物理と量子物理の本質的な違いは式 (2) にある．古典力学でこれは常に正しい．量子力学では，これはしばしば誤りである．量子力学的な確率として，測定 A が a の場合に測定 C が結果 c となる確率を P^q_{ac} と記すことにする．式 (2) は，量子力学では以下の注目すべき法則に置き換えられる[5]：複素数 $\varphi_{ab}, \varphi_{bc}, \varphi_{ac}$ として

$$P_{ab} = |\varphi_{ab}|^2, \quad P_{bc} = |\varphi_{bc}|^2, \quad P^q_{ac} = |\varphi_{ac}|^2 \tag{3}$$

を満たすようなものが存在する．(1) と (2) を組み合わせて得られる古典法則

$$P_{ac} = \sum_b P_{ab}P_{bc} \tag{4}$$

---

[5] b は縮退のない状態だと仮定した．それゆえ (1) は正しい．恐らく，量子力学の一般化によっては，b が純粋状態であっても，(1) は正しくないのかもしれない．また (2) は次のように置き換えるべきかもしれない：$P_{abc}=|\varphi_{abc}|^2$ を満たすような複素数 φ_{abc} が存在するとして，(5) の類似の式を $\varphi_{ac}=\sum_b \varphi_{abc}$ とする．

は，
$$\varphi_{ac} = \sum_b \varphi_{ab}\varphi_{bc} \tag{5}$$
に置き換えられる．

　もし (5) が正しければ，普通，(4) は誤りである．(4) を導く上での論理的な誤りは，もちろん，a から c を得るのに系が B の確定した値 b を持つ条件を通過するはずだと仮定した点にある．

　もしこの検証を試みるとすると，つまり，実験 A と C の間で B が測定されたとすると，実は公式 (4) は正しい．より正確には，もし B を測る装置を準備して，ただし，A と C の相関のみを記録し調べたという意味で，B の測定結果を使おうとしなかった場合，(4) は正しい．これは B の測定装置が動作したためである；もし望むなら，状況をさらに乱すことなく測定器の値を読むことができる．それゆえ，a と c の結果を出した実験は，b の値によって分類される．

　頻度の見地から確率を考えると，(4) の由来は単純に，a と c を与える実験のそれぞれについて B が同じ値を取るとする言明である．(4) が誤りとなる唯一の道は，「B がある値を取った」とする言明がときに無意味とならなければならないことであろう．(5) が (4) に置き換わるのは B を測定しようとしない場合に限ることに注意すると，その帰結として，「B がある値を取った」とする言明は B を測定しようとしない場合は常に無意味であろう[6]．

　ゆえに，a と c の相関についての異なる結果を得た，つまり B の測定を試みたか否かによって，式 (4) あるいは式 (5) が成立する．どんなに巧妙であろうとも，測定 B を試みれば，少なくとも結果が (5) で与えられるものから (4) で与えられるものに変化する程度に系は乱される[7]．そのような測定は，実際

---

[6] もし望めば B を測定できたであろうとする指摘は意味をなさない．測らなかったことが真相だからである．

[7] 測定が系を乱す場合，いかにして (4) が (5) から実際に帰結されるのかは特に，フォン・ノイマン『量子力学の数学的基礎』(みすず書房，1957 年) によって調べられた．測定装置の揺動の効果は実質的に干渉成分の位相を θ_b だけ変化させる．このため (5) は $\varphi_{ac} = \sum_b e^{i\theta_b}\varphi_{ab}\varphi_{bc}$ となる．しかし，フォン・ノイマンが示すように，B が測定された場合，位相の変化が不明なので最終的な確率 P_{ac} は φ_{ac} の自乗を位相 θ_b で平均したものである．これが (4) を与える．

のところ必然的に擾乱を引き起こす．(4) が誤りであり得ることは，本質的には，不確定性関係の議論においてハイゼンベルクが初めて明確に述べた．法則 (5) は，シュレーディンガーの研究と，ボルンとヨルダンの統計解釈およびディラックの変換理論の結果である[8]．

式 (5) は典型的な物質の波動性の表現である．ここでは，粒子が a から c までいくつかの異なる道筋(b の異なる値)を通る確率は，もし道筋を決定しようとしないならば，いくつかの複素量の和の自乗[*1]として与えられる．可能な道筋のそれぞれが，和の中の一つの項を与える．確率は，通常は波と関連付けられる典型的な干渉現象を示し得る．波の場合，その強度は異なる波源からの寄与の和の自乗で与えられる．電子は粒子であることを一切確かめなければ，いわば式 (5) で記述される波として振る舞う；それにもかかわらず，望むのであれば，あたかも粒子であるかのようにどの道筋を伝わるかも決めることができる；しかし，そうするのなら (4) が適用されて電子は粒子のように振る舞う．

これらの事情はもちろんよく知られている．これらは何度も説明されてきた[9]．しかしながら，これが単に式 (5) の直接的な帰結であることを強調する価値はあるように思える．なぜなら，本質的には，式 (5) が量子力学の私の定式化における基礎だからである．

式 (4) と (5) の多数回の測定，例えば $A, B, C, D, \cdots, K$ への一般化では，列 $a, b, c, d, \cdots, k$ の確率はもちろん

$$P_{abcd\cdots k} = |\varphi_{abcd\cdots k}|^2$$

である．例えば $b, d, \cdots$ が測定された場合の結果 a, c, k の確率は，古典的な

---

8) もし $\boldsymbol{A}$ と $\boldsymbol{B}$ が測定 A と B に対応する演算子であり，ψ_a と χ_b（訳注：原論文では ψ_b だが，誤記と思われるので修正した．）が $\boldsymbol{A}\psi_a = a\psi_a$ および $\boldsymbol{B}\chi_b = b\chi_b$ の解であるとすると，$\varphi_{ab} = \int \chi_b^* \psi_a dx = (\chi_b^*, \psi_a)$．ゆえに，$\varphi_{ab}$ は $\boldsymbol{A}$ が対角的な表示から $\boldsymbol{B}$ が対角的な表示への変換についての変換行列の要素 $(a|b)$ である．
訳者注：ここでの内積の定義は物理学で多く使われるものとは異なる．
*1（訳注） もちろん絶対値の自乗のことである．以下同様．
9) 例えば，W. Heisenberg, *The Physical Principles of the Quantum Theory* (University of Chicago Press, Chicago, 1930) の特に IV 章を参照のこと．訳注：参考までに，翻訳時でのより入手しやすい和書の文献として，ファインマン他『ファインマン物理学 V』砂川重信訳（岩波書店，1979 年）の 1 章と 2 章を挙げる．

公式では
$$P_{ack} = \sum_b \sum_d \cdots P_{abcd\cdots k} \tag{6}$$
だが，一方で，A から C の間，および，C から K の間で何も測定されていない場合における，同じ列 a, c, k の確率は
$$P_{ack}^q = \left| \sum_b \sum_d \cdots \varphi_{abcd\cdots k} \right|^2 \tag{7}$$
である．量 $\varphi_{abcd\cdots k}$ のことを条件 $A=a, B=b, C=c, D=d, \cdots, K=k$ に関する確率振幅と呼ぶことができる(これはもちろん積 $\varphi_{ab}\varphi_{bc}\varphi_{cd}\cdots\varphi_{jk}$ で書き表すことができる)．

3　時空の経路についての確率振幅

　前節の物理的なアイデアを一般化することですぐに，空間と時間が完全に指定された特定の経路についての確率振幅を定義することができる．どのように一般化するかを示すため一次元問題を考えることにする．というのも高次元への一般化は自明だからである．

　一つの粒子があり，これが座標 x について様々な値の点を占めることができるとする．非常にたくさんの回数の位置測定を次々に行うことを考えてみる．ただし，測定は短い間隔 ϵ だけ時間を離しておく．すると $A, B, C, \cdots$ といった一連の測定は，$t_{i+1}=t_i+\epsilon$ としたときの一連の時刻 $t_1, t_2, t_3, \cdots$ での座標 x について，つぎつぎに測定することとしてよい．時刻 t_i にて位置を測定した場合の数値を x_i と記そう．よって，もし A が t_1 での x の測定であれば，x_1 は前述した a のことである．古典的な観点からは座標の一連の値 $x_1, x_2, x_3, \cdots$ は一つの経路 $x(t)$ を実質的に定義する．いつかは $\epsilon \to 0$ の極限を取ることとする．

　このような経路の確率は $x_1, x_2, \cdots, x_i, \cdots$ の関数であり，$P(\cdots x_i, x_{i+1}, \cdots)$ と記す．経路が時空のある特定の領域 R を通る確率は，その領域上で P を積分することで古典的には導かれる．よって，x_i が a_i と b_i の間を通り，かつ x_{i+1} が a_{i+1} と b_{i+1} の間を通る，などとした確率は

$$\cdots \int_{a_i}^{b_i} \int_{a_{i+1}}^{b_{i+1}} \cdots P(\cdots x_i, x_{i+1}, \cdots) \cdots dx_i dx_{i+1} \cdots$$
$$= \int_R P(\cdots x_i, x_{i+1}, \cdots) \cdots dx_i dx_{i+1} \cdots \quad (8)$$

である．記号 $\int_R$ は領域 R 内を通る変数の範囲での積分を意味する．これは単純に式 (6) の $a, b, \cdots$ を $x_1, x_2, \cdots$ に置き換え，和を積分にしたものである．

量子力学においてこれが正しい公式であるのは，$x_1, x_2, \cdots, x_i, \cdots$ をすべて実際に測定し，R を通る経路だけを取り込む場合である．もしそのような詳しい測定を実行しなかったならば，異なる結果を期待するだろう．経路がどこか R 内を通ることだけを決めるような測定がなされたと仮定する．

この測定は"理想測定"と呼んでよいようなものである．さらに系を擾乱せずには，この測定からはより詳細について得られないとみなす．この測定についての正確な定義は得ることができていない．平均操作が必要になる余分な不確定さは避けるようにした．例えば，より多くの情報を測ったが，使われないといったことについてだ．式 (5) あるいは (7) を x_i すべてに適用し，式 (4) のように和を取るような残りの部分がないようにしたい．

この"理想測定"にて，粒子が実際に領域 R に存在することを見いだす確率は複素量の自乗 $|\varphi(R)|^2$ となるようにする．数 $\varphi(R)$ は領域 R についての確率振幅と呼べるもので，式 (7) の $a, b, \cdots$ を $x_i, x_{i+1}, \cdots$ に置き換え，和を積分にしたもの

$$\varphi(R) = \lim_{\epsilon \to 0} \int_R \varPhi(\cdots x_i, x_{i+1} \cdots) \cdots dx_i dx_{i+1} \cdots \quad (9)$$

である．複素数 $\varPhi(\cdots x_i, x_{i+1} \cdots)$ は経路を定義する変数 x_i の関数．実際，時間間隔 ϵ をゼロに近づけると $\varPhi$ はある時刻 t_i での値 x_i，つまり $x_i = x(t_i)$ だけに依存するのではなく，むしろ経路全体 $x(t)$ に本質的に依存する．$\varPhi$ のことを経路 $x(t)$ の確率振幅と呼べるかもしれない．

我々の最初の仮説における考えをまとめる：

I. もし理想測定が行われ，粒子が時空のある領域を通る経路を取るかどうかが決まるとする．すると，結果が肯定的である確率は複素数の寄与を足し合わせたものの絶対値の自乗である．ここで，その領域でのそれぞれの経路に対

して複素数の寄与の一つが対応する.

この仮説で述べたことは不完全である．「それぞれの」経路に対する項の和の意味が曖昧である．式 (9) に与えられる正確な意味は次のとおり：経路はまず一連の等間隔の時刻 $t_i = t_{i-1} + \epsilon$ において位置 x_i を通ることで定義される[10]．そして，R に入る座標のすべての値は同じ重みを持つ．重みの実際の大きさは ϵ に依存し，確実に起きる事象の確率が 1 に規格化されるように選べる．最も上手なやりかたではないかもしれないが，第二の仮説の比例定数にこの重み因子を残しておく．計算の最後で $\epsilon \to 0$ の極限を取らなければならない．

系がいくつかの自由度を持つ場合，座標空間 x は複数の次元を持つので，k 自由度の系では，記号 x は座標の一組 $(x^{(1)}, x^{(2)}, \cdots, x^{(k)})$ を表す．経路は一連の時刻に対する一連の配置であり，配置 x_i，あるいは $(x_i^{(1)}, x_i^{(2)}, \cdots, x_i^{(k)})$，つまり時刻 t_i での k 個の座標のそれぞれの値を与えることで記述される．記号 dx_i は（時刻 t_i での）k 次元の配位空間における体積要素を意味するものとする．この仮説の言明は使われる座標系と独立である．

第一の仮説は位置の測定の結果を定義することに限定されたものである．例えば，運動量の測定の結果を定義するのに何をすべきかを述べていない．しかしながら，これは本質的な制限ではない．なぜなら一つの粒子の運動量の測定は原理的には他の粒子の位置，例えば，計測器の指針の測定を用いて実行できるからである．ゆえに，そのような実験の解析から最初の粒子についてその運動量を定めるものが何なのかが定まる．

4 経路の確率振幅の計算

第一の仮説は，確率の計算のために量子力学で必要な数学的枠組みの形式を規定する．第二の仮説は，重要な量である $\varPhi$ をそれぞれの経路についてどのように計算するかを規定することで，この枠組みに詳細な内容を与える：

---

10) 細分と極限手続きを避ける試みについての数学的問題は大変興味深い．ある種の複素測度が関数 $x(t)$ の空間に関連する．測度はあらゆる場所で正ではなく，たいていの経路からの寄与が相殺されるので，有限の値となる状況は予測できない．これらの奇妙な数学的問題は細分化の手続きで回避される．しかしこのような計算は，微積分の発明以前にカバリエーリ (Cavalieri) がピラミッドの体積を計算したとき感じたはずの気分をもたらすだろう．

II. 経路はどれも等しい大きさで寄与するが，その寄与の位相は古典作用（の $\hbar$ を単位として測ったもの），つまり，ラグランジアンの経路に沿った時間積分である．

すなわち，与えられた経路 $x(t)$ からの寄与 $\Phi[x(t)]$ は $\exp\{(i/\hbar)S[x(t)]\}$ であり，ここで作用 $S[x(t)] = \int L(\dot{x}(t), x(t))dt$ は古典的なラグランジアン $L(\dot{x}, x)$ の問題の経路に沿った時間積分である．このラグランジアンは位置と速度の関数で，時間を陽に含んでも構わない．ラグランジアンが速度の二次関数だと仮定すると，これらの仮説と量子力学の従来の定式化が数学的に等価だと示せる．

第一の仮説を示すには，経路を定義する上で，経路が一連の時間 t_i で通過する一連の点 x_i を与えることのみが必要だった．$S = \int L(\dot{x}, x)dt$ を計算するには x_i のみならず経路すべての点がわかっている必要がある．以下では，t_i から t_{i+1} の間では関数 $x(t)$ がラグランジアン L の古典粒子に従い，t_i で x_i から出発し t_{i+1} で x_{i+1} に到着すると仮定する．この仮定は不連続な経路に対して第二の仮説に意味を与えるために必要である．量 $\Phi(\cdots, x_i, x_{i+1}, \cdots)$ は必要であれば（いろいろな ϵ について）規格化できるので，確実に起きる事象の確率を $\epsilon \to 0$ で 1 になるように規格化する．

作用積分を計算する上で，L が位置の一階よりも高階の時間微分を含まない限り，時刻 t_i での速度の突然の変化による困難は起きない．さらに L がこのように制限されない限り，終点は古典経路を決めるのに十分ではない．古典経路は作用を最小にするものなので，

$$S = \sum_i S(x_{i+1}, x_i) \tag{10}$$

と書くことができる．ここで，

$$S(x_{i+1}, x_i) = \text{Min.} \int_{t_i}^{t_{i+1}} L(\dot{x}(t), x(t))dt. \tag{11}$$

このように書くと，古典力学に頼る点はラグランジアンを提供してもらうことだけである．実際，第二の仮説を単に「Φ とは，$x(t)$ とその一階微分のある実関数の積分と i を掛けたものの指数関数である」と主張することだとみなせる．すると後で作用の値が大きい極限の場合に古典的な運動方程式が導けるだ

ろう．ここで述べた x と $\dot{x}$ の関数とは定数因子を除き古典的なラグランジアンだと示すこともできるだろう．

実際，式 (10) の和は，有限の ϵ であっても無限であり，ゆえに無意味である（これは時間が無限に拡がっているためだ）．このことは，これらの仮説に不完全なところが残っていることを示すものだ．時間の間隔は任意の有限なものに制限する．

二つの仮説を組み合わせて式 (10) を使うと

$$\varphi(R) = \mathop{\mathrm{Lim}}_{\epsilon \to 0} \int_R \exp\left[\frac{i}{\hbar}\sum_i S(x_{i+1}, x_i)\right]\cdots\frac{dx_{i+1}}{A}\frac{dx_i}{A}\cdots \qquad (12)$$

となる．ここで規格化因子を，それぞれの時刻での因子 $1/A$（これの正確な値はまもなく決める）に分解した．積分は領域 R 中の x_i，x_{i+1}，… の値について求める．式 (12) と，$S(x_{i+1}, x_i)$ の定義 (11)，および粒子が R に見いだされる確率としての $|\varphi(R)|^2$ の物理的な解釈が，量子力学の我々の定式化のすべてである．

5 波動関数の定義

これらの仮説と量子力学の通常の定式化との等価性をいまから示す．これは二つの段階に分かれる．本節では，新しい観点からいかにして波動関数が定義されるかを示す．次節ではこの関数がシュレーディンガーの波動方程式を満たすことを示す．

一連の経路の断片からの寄与の和が S として表現できること，これはすなわち，寄与の積として Φ を表せることだが，このことから波動関数の性質を持つ量が定義できることが示される．

これをはっきりさせるため，ある時刻 t を選び，式 (12) の領域 R を t に対して未来と過去のいくつかの部分に分けてみよう．R は次のように分けることができるとしよう：(a) 領域 R' は何らかの方法で空間的には制限されるが，時間的には $t'<t$ を満たすある時刻 t' 以前のすべてだとする；(b) 領域 R'' は空間的にある方法で制限されているが，時間的には $t''>t$ を満たすある時刻 t'' 以降のすべてだとする；(c) t' と t'' の間で，x の座標が制限を持たない領域，すなわち，t' と t'' の間のすべての時空．領域 (c) は必ずしも必要ではな

い．時間についてはいくらでも短くしてよい．しかしながら，R' と R'' を定義し直さずに t を少しだけ変化させることが考えられれば便利である．すると，$|\varphi(R', R'')|^2$ は経路が R' と R'' を占める確率である．R' は R'' より完全に以前のことなので，t を現在と考えると，これは，経路が領域 R' にかつて滞在し，かつ，R'' に滞在する予定についての確率だと述べることができる．因子で分けるならば，経路を R' に見いだす確率は，確率を規格化し直すものであることがわかる：系が領域 R' にあったとして，系が R'' に見いだされる確率が $|\varphi(R', R'')|^2$ である．

もちろんこれは多くの実験結果を予言するのに重要な量である．我々は系をある決まった方法(例えば，それは領域 R' にあった)で準備し，それから他のある性質(例えば，それが領域 R'' に見いだされるか？)を測る．この量，より正確には $\varphi(R', R'')$ の絶対値の自乗を計算する上で式 (12) は何を示すのだろうか？

仮定として，式 (12) で時間を間隔 ϵ で細分したときの k 番目の点と時刻 t が対応する，つまり，$t=t_k$ だと考えてみる．添字 k はもちろん細分 ϵ に依る．すると，和の指数関数となってる箇所は

$$\exp\left[\frac{i}{\hbar}\sum_{i=k}^{\infty}S(x_{i+1}, x_i)\right]\cdot\exp\left[\frac{i}{\hbar}\sum_{i=-\infty}^{k-1}S(x_{i+1}, x_i)\right] \quad (13)$$

のように二つの因子に分解できる．

最初の因子は添字が k もしくはより大きい座標のみを含む一方で，第二因子は添字が k もしくはより小さい座標のみを含む．こう分けることができるのは式 (10) のおかげで，これは本質的にはラグランジアンが位置と座標のみの関数であることに由来する．まず，$i>k$ での変数 x_i についてすべて第一因子を積分できて，x_k の関数(と第二因子の積)を得る．次に，$i<k$ での変数 x_i についてすべて第二因子も積分できて，x_k の関数を得る．最後に，x_k について積分できる．つまり，$\varphi(R', R'')$ は二つの因子の積についての x_k の積分として書くことができる．これらを $\chi^*(x_k, t)$ および $\psi(x_k, t)$ と記す：

$$\varphi(R', R'') = \int \chi^*(x, t)\psi(x, t)dx. \quad (14)$$

ここで

$$\psi(x_k, t) = \operatorname*{Lim}_{\epsilon \to 0} \int_{R'} \exp\left[\frac{i}{\hbar} \sum_{i=-\infty}^{k-1} S(x_{i+1}, x_i)\right] \frac{dx_{k-1}}{A} \frac{dx_{k-2}}{A} \cdots \quad (15)$$

および

$$\chi^*(x_k, t) = \operatorname*{Lim}_{\epsilon \to 0} \int_{R''} \exp\left[\frac{i}{\hbar} \sum_{i=k}^{\infty} S(x_{i+1}, x_i)\right] \frac{1}{A} \frac{dx_{k+1}}{A} \frac{dx_{k+2}}{A} \cdots \quad (16)$$

である.

　記号 R' を ψ の積分の所に置くことで,座標を領域 R' で積分し,かつ,t_i が t' と t の間にある場合はすべての空間を積分することを示す.同様に,χ^* の積分は R'' 上のもの,および t から t'' についての全空間についてである.χ^* の星印は複素共役を記す.というのも,(16) をある量 χ の複素共役として定義する方が便利だからである.

　量 ψ は t 以前の領域 R' だけに依存し,この領域が既知であれば完全に定義される.これは,時刻 t 以降に系に起きることには決して依存しない.後者の情報は χ に含まれる.ゆえに,ψ と χ を使って系の過去の履歴を将来起きることから分離したのである.このことで過去と未来の関係を普通の意味で論じることができる.ゆえに,もし粒子が時空の R' にあったとすると,時刻 t である条件を満たすこと,すなわち特定の状態にあることは過去によってのみ定まり,いわゆる波動関数 $\psi(x,t)$ で記述されると言ってよいだろう.この関数は未来の確率を予言するのに必要なすべてを含んでいる.別の状況として領域 R' が別のもの r' だったとする.また,時刻 t 以前のラグランジアンも別のものだとしよう.ただし,式 (15) の結果がたまたま同じであったとする.すると,(14) によれば任意の領域 R'' に至る確率は R' でも r' でも同じである.したがって,未来における測定は系が R' あるいは r' を占めていたかを区別しない.ゆえに波動関数 $\psi(x,t)$ は過去の履歴から分離され,未来の振る舞いを定める属性を定義するのに十分なものである.

　同様に,関数 $\chi^*(x,t)$ はその後で系が経験する事象を特徴づけるのである.この事象のことを実験と呼ぼう.もし異なる領域 r'' と時刻 t 以降での異なるラグランジアンが式 (16) を通じて同じ $\chi^*(x,t)$ を与えるならば,どのような準備による ψ についても系を R'' に見いだす確率は常にこれを r'' に見いだす確率と同じであることを,式 (14) は意味する.二つの "実験" R'' と r'' は等

価である．というのも，これらは同じ結果を出すからである．おおまかに言えば，これらの実験は系が状態 χ にある確率を決めるものである．正確にはこの用語法は好ましくない．系は実際は状態 ψ にある．状態を実験に結びつけることができる理由は，もちろん，理想測定について確実に実験が成功するような状態(その波動関数は $\chi(x,t)$ である)は唯一だとわかるからだ．

ゆえに，次のように言うことができる：状態 ψ にある系が，特徴的な状態が χ であるような実験によって見いだされる確率(もしくは，よりおおまかに，状態 ψ にある系が χ に現れる確率)は

$$\left| \int \chi^*(x,t)\psi(x,t)dx \right|^2 \tag{17}$$

である．

これらの結果はもちろん通常の量子力学の原理と合致する．これらはラグランジアンが位置，速度，時刻のみの関数であることの帰結である．

6 波動方程式

通常の定式化と等価であることの証明を終えるため，前節の式 (15) で定義した波動関数がシュレーディンガーの波動方程式を実際に満たすことを示す．実のところ，これがうまく行くのは (11) のラグランジアン L が速度 $\dot{x}(t)$ の二次式の場合だけである．ただし速度の非斉次項を含んでもよい．しかしながら，これは実際の制約ではない．というのもこの状況はシュレーディンガー方程式が実験で検証されてきた場合すべてを含むからである．

波動方程式は波動関数の時間発展を記述する．有限の ϵ について式 (15) から簡単な漸化式が導かれることに注意してこれに手をつけよう．式 (15) について，次の時刻での ψ を計算するとどう見えるのか考えると，

$$\psi(x_{k+1}, t+\epsilon) = \int_{R^1} \exp\left[\frac{i}{\hbar}\sum_{i=-\infty}^{k} S(x_{i+1}, x_i)\right] \frac{dx_k}{A} \frac{dx_{k-1}}{A} \cdots \tag{15$'$}$$

となる[*2]．これは (15) とほぼ同じだが，違う点として，新たな変数 x_k についての積分が必要になり，指数部の和に余分な項が出てくる．この項は積分

[*2] (訳注) 積分範囲は R^1 ではなく R' であるべき．

付録 1　非相対論的な量子力学への時空からのアプローチ　91

(15′) が積分 (15) と因子 $(1/A)\exp(i/\hbar)S(x_{k+1},x_k)$ を除き同じことを意味する．これは k より小さい i に対応する変数 x_i をまったく含まないので，この因子はそのままにして，dx_i から dx_{k-1} まですべて積分できる．一方，これらの積分の結果は (15) より単に $\psi(x_k,t)$ となる．ゆえに，(15′) から関係式

$$\psi(x_{k+1},t+\epsilon) = \int \exp\left[\frac{i}{\hbar}S(x_{k+1},x_k)\right]\psi(x_k,t)dx_k/A \qquad (18)$$

が得られる．ψ の時間発展を与えるこの関係式は，簡単な例題については，A を適切に選ぶとシュレーディンガー方程式と等価であることが示されることになる．実は，式 (18) は厳密ではなく，$\epsilon \to 0$ の極限でのみ正しい．また，シュレーディンガー方程式を導く上で，式 (18) が ϵ の一次で妥当だと仮定する．小さい ϵ について，ϵ の一次まで式 (18) が正しいことのみが必要である．なぜならば，(15) は有限の時間幅 T の発展に関係するもので，そこに含まれる因子を考えてみると，因子の数は T/ϵ である．もしそれぞれ ϵ^2 の誤差があれば，全体の誤差は $\epsilon^2(T/\epsilon)$，つまり $T\epsilon$ のオーダーを越えて蓄積することはなく，これらは極限で消える．

　式 (18) とシュレーディンガー方程式との関係を示すため，一次元空間中のポテンシャル $V(x)$ の下で質点が運動するといった簡単な場合にこれを適用する．しかし，これを示す前に，(11) で与えられる値 $S(x_{i+1},x_i)$ の近似について議論したい．これは表式 (18) を論じるのに十分なものである．

　$S(x_{i+1},x_i)$ について (11) で定義された表式は，任意の ϵ について古典力学から厳密に計算するのは難しい．実は，(18) で使うのに必要なのは $S(x_{i+1},x_i)$ の近似的な表式のみであり，近似の誤差が ϵ で一次よりも小さければよい．ここではラグランジアンが非斉次な場合も含め速度 $\dot{x}(t)$ について二次の場合に限定する．後でわかるように，重要な経路は $x_{i+1}-x_i$ が $\epsilon^{\frac{1}{2}}$ のオーダーであるようなものである．これらの条件下で，**自由粒子の古典経路上で** (11) の積分を計算すれば十分である[11]．

---

11)　"力"についての仮定として，スカラーおよびベクトルポテンシャルから与えられるものとし，速度の平方根を含む項は含まないとする．より一般に，自由粒子で意味するものは，そのラグランジアンが速度について線形の項，および速度に依存しない項を落としたもののこと．

デカルト座標[12]では，自由粒子の経路は直線なので，式 (11) は直線に沿って積分することができる．これらの状況の下では十分よい近似として積分を台形則

$$S(x_{i+1},x_i) = \frac{\epsilon}{2} L\left(\frac{x_{i+1}-x_i}{\epsilon}, x_{i+1}\right) + \frac{\epsilon}{2} L\left(\frac{x_{i+1}-x_i}{\epsilon}, x_i\right) \quad (19)$$

で置き換えたり，もしくはより便利な

$$S(x_{i+1},x_i) = \epsilon L\left(\frac{x_{i+1}-x_i}{\epsilon}, \frac{x_{i+1}+x_i}{2}\right) \quad (20)$$

を使ってもよい．これらの置き換えは，球座標のような一般の座標系では正当ではない．もしベクトルポテンシャルあるいは速度に一次の項がなければ，より単純な近似

$$S(x_{i+1},x_i) = \epsilon L\left(\frac{x_{i+1}-x_i}{\epsilon}, x_{i+1}\right) \quad (21)$$

を使ってもよいだろう (95 ページを参照)．

それゆえに，質量 m の粒子が一次元空間内をポテンシャル $V(x)$ の影響下で運動する簡単な例題では，

$$S(x_{i+1},x_i) = \frac{m\epsilon}{2}\left(\frac{x_{i+1}-x_i}{\epsilon}\right)^2 - \epsilon V(x_{i+1}) \quad (22)$$

と置くことができる．

するとこの例題について式 (18) は

$$\psi(x_{k+1},t+\epsilon) = \int \exp\left[\frac{i\epsilon}{\hbar}\left\{\frac{m}{2}\left(\frac{x_{k+1}-x_k}{\epsilon}\right)^2 - V(x_{k+1})\right\}\right]\psi(x_k,t)dx_k/A \quad (23)$$

となる．$x_{k+1}=x$ および $x_{k+1}-x_k=\xi$ と置くことにすると，$x_k=x-\xi$ である．すると式 (23) は

$$\psi(x,t+\epsilon) = \int \exp\frac{im\xi^2}{\epsilon\cdot 2\hbar}\cdot\exp\frac{-i\epsilon V(x)}{\hbar}\cdot\psi(x-\xi,t)\frac{d\xi}{A} \quad (24)$$

---

[12] より一般に，$L(\dot{x},x)$ にて速度の二次の項が定数係数である座標系．

となる*3.

大きい x で $\psi(x,t)$ が十分速く小さくなるならば(もちろん $\int \psi^*(x)\psi(x)dx=1$ であれば成り立つ), ξ の積分が収束するだろう. ξ についての積分では, ϵ がとても小さいので, $\xi=0$ の周辺(ξ が $(\hbar\epsilon/m)^{\frac{1}{2}}$ の程度)を除き, $im\xi^2/2\hbar\epsilon$ の指数関数は極めて速く振動する. 関数 $\psi(x-\xi,t)$ は ξ について比較的滑らかな関数なので(ϵ はいくらでも小さくしてよいため), この指数関数が速く振動する領域の寄与は大変小さい. なぜなら, 正と負の寄与がほとんど完全に相殺されるためである. 小さい ξ のみが寄与するので, $\psi(x-\xi,t)$ はテイラー級数として展開してよいだろう. すると,

$$\psi(x,t+\epsilon) = \exp\left(\frac{-i\epsilon V(x)}{\hbar}\right)$$
$$\times \int \exp\left(\frac{im\xi^2}{2\hbar\epsilon}\right)\left[\psi(x,t)-\xi\frac{\partial \psi(x,t)}{\partial x}+\frac{\xi^2}{2}\frac{\partial^2 \psi(x,t)}{\partial x^2}-\cdots\right]d\xi/A \quad (25)$$

となる. ここで,

$$\int_{-\infty}^{\infty} \exp(im\xi^2/2\hbar\epsilon)d\xi = (2\pi\hbar\epsilon i/m)^{\frac{1}{2}},$$
$$\int_{-\infty}^{\infty} \exp(im\xi^2/2\hbar\epsilon)\xi d\xi = 0, \quad (26)$$
$$\int_{-\infty}^{\infty} \exp(im\xi^2/2\hbar\epsilon)\xi^2 d\xi = (\hbar\epsilon i/m)(2\pi\hbar\epsilon i/m)^{\frac{1}{2}}$$

であるが, 一方で ξ^3 を含む積分はゼロである. これは ξ を含む積分と同様に, 被積分関数が奇であるためである. また, ξ^4 を含む積分はここで残す項より, 少なくともオーダー ϵ だけ小さい[13]. もし左辺を ϵ の一次まで展開するならば, (25) は

---

*3 (訳注) $dx_k = -d\xi$ なので, (24) の $d\xi$ は $(-1)d\xi$ と読むべき. 式 (25) も同様. ただし, ここで問題となる積分は ξ について偶の寄与しか残らないので, 式 (27) まで行くと, この符号の影響は消える.

13) これらの積分は振動的であり不定のものであるが, 収束因子を使うことで定義してもよいものである. そのような因子は (24) の $\psi(x-\xi,t)$ から自動的に与えられる. もし, より形式的な手続きが望ましいなら, 例えば $\hbar$ を $\hbar(1-i\delta)$ で置き換えよ. ここで δ は小さい正の数であり, $\delta\to 0$ の極限を取る.

$$\psi(x,t)+\epsilon\frac{\partial\psi(x,t)}{\partial t}$$
$$=\exp\left(\frac{-i\epsilon V(x)}{\hbar}\right)\frac{(2\pi\hbar\epsilon i/m)^{\frac{1}{2}}}{A}\left[\psi(x,t)+\frac{\hbar\epsilon i}{2m}\frac{\partial^2\psi(x,t)}{\partial x^2}+\cdots\right]$$
(27)

となる．両辺が ϵ のゼロ次で一致するためには，

$$A = (2\pi\hbar\epsilon i/m)^{\frac{1}{2}} \tag{28}$$

を課さねばならない．そして $V(x)$ を含む指数関数を展開すると

$$\psi(x,t)+\epsilon\frac{\partial\psi}{\partial t} = \left(1-\frac{i\epsilon}{\hbar}V(x)\right)\left(\psi(x,t)+\frac{\hbar\epsilon i}{2m}\frac{\partial^2\psi}{\partial x^2}\right) \tag{29}$$

が得られる．両辺から $\psi(x,t)$ を打ち消し合い，ϵ について一次の項を比較して $-\hbar/i$ を掛けると，

$$-\frac{\hbar}{i}\frac{\partial\psi}{\partial t} = \frac{1}{2m}\left(\frac{\hbar}{i}\frac{\partial}{\partial x}\right)^2\psi + V(x)\psi \tag{30}$$

が得られる．これは，ここで考えている問題のシュレーディンガー方程式である．

　χ^* の方程式は同様に計算することができる．ただし，この場合は時間を一段階減らす因子を追加する．つまり，χ^* は式 (30) に類似の，時間の符号が反転した方程式を満たす．複素共役を取ることで，χ は ψ についての方程式と同じものを満たすと結論できる．つまり，実験はそれに対応するある状態 χ によって定義され得る[14]．

　この例が示すことは $\psi(x_{k+1},t+\epsilon)$ への大半の寄与は x_{k+1} に大変近い（距離として $\epsilon^{\frac{1}{2}}$ 程度の）x_k での $\psi(x_k,t)$ の値からのものであることで，このために積分方程式 (23) を極限では微分方程式に置き換えることができる．重要な"速度" $(x_{k+1}-x_k)/\epsilon$ の値はとても大きく，$(\hbar/m\epsilon)^{\frac{1}{2}}$ 程度であり，$\epsilon\to 0$ で発

---

[14] 私的な会話にて，ハートランド・スナイダー博士(Hartland Snyder)は極めて興味深い可能性を指摘した．これは，量子力学の一般化として，実験で測定された状態を準備できない場合を許すことである．つまり，系の状態として，ある特別な実験で確実な結果が得られるようなものは存在しない可能性についてである．関数 χ のクラスは利用可能な状態 ψ のクラスとは等しくない．これが起きるのは，例えば，χ が ψ の方程式と異なる方程式を満たす場合であろう．

散する．それゆえ，ここで関与する経路は連続であるが微分を持たない．これらはブラウン運動の研究では珍しくないものである．

このように速度が大きい場合が，式 (11) で $S(x_{k+1}, x_k)$ を近似する上で慎重になるべき箇所である[15]．もちろん，$V(x_{k+1})$ を $V(x_k)$ に置き換えることで，(18) の指数は $i\epsilon[V(x_k)-V(x_{k+1})]/\hbar$，つまり，$\epsilon(x_{k+1}-x_k)$ 程度変化する．よって，(29) の右辺の ϵ より高次の重要でない項が出てくる．この理由によって，ベクトルポテンシャルがない場合，(20) と (21) はどちらも $S(x_{i+1}, x_i)$ を十分よく近似する．しかしながら，$A\dot{x}dt$ のようにベクトルポテンシャルで現れる速度について線形の項は，より注意深く扱わなければならない．ここでは $S(x_{k+1}, x_k)$ の中の $A(x_{k+1})(x_{k+1}-x_k)$ のような項は $A(x_k)(x_{k+1}-x_k)$ と $(x_{k+1}-x_k)^2$ 程度，つまり ϵ 程度異なる．このような項は，結果として出てくる波動方程式を変化させることになる．このため，近似 (21) は (11) の十分よい近似ではなく，式 (20)(あるいは (19) のような (20) から ϵ より高次の項だけ異なるもの) のようなものを使わなければならない．$\boldsymbol{A}$ がベクトルポテンシャル，$\boldsymbol{p}=(\hbar/i)\nabla$ が運動量演算子だとすると，(20) はハミルトニアン演算子において，$(1/2m)(\boldsymbol{p}-(e/c)\boldsymbol{A})\cdot(\boldsymbol{p}-(e/c)\boldsymbol{A})$ の項を与える一方で，(21) だと $(1/2m)(\boldsymbol{p}\cdot\boldsymbol{p}-(2e/c)\boldsymbol{A}\cdot\boldsymbol{p}+(e^2/c^2)\boldsymbol{A}\cdot\boldsymbol{A})$ を与える．これら二つの表式の差は $(\hbar e/2imc)\nabla\cdot\boldsymbol{A}$ であり，ゼロとは限らない．速度についての二次の項の係数について，この問題はますます重要である．これらの項では一般に式 (19) と (20) は (11) の十分正確な表現ではない．係数が定数の場合，式 (19) や (20) は (11) の代わりとなる．(11) の妥当な近似でない場合について，例えば極座標に (19) のような表式を使うと，ハミルトニアン演算子が運動量演算子と位置が誤った順序になるようなシュレーディンガー方程式を得る．そういうわけで，式 (11) は古典的なハミルトニアン $H(p,q)$ において p と q を非可換な量 $(\hbar/i)(\partial/\partial q)$ と q に置き換える通常の規則の曖昧さを解決する．

---

[15] ポテンシャルが x の二次より高次を含まない場合(例えば，自由粒子や調和振動子)，任意の ϵ について (11) を $S(x_{k+1},x_k)$ に使う場合，実は式 (18) は厳密である．しかしながら，A のより正確な値を使う必要がある．k 自由度の古典的な粒子が点 x_i, t_i から運動量空間で一様な密度で出発したと仮定する．与えられた運動量の成分を範囲 dp で持つ粒子の数を dp/p_0 と記す．ここで p_0 は定数．すると，$A=(2\pi\hbar i/p_0)^{k/2}\rho^{-\frac{1}{2}}$ である．ここで ρ は時刻 t_{i+1} でのこれらの粒子の k 次元の座標空間 x_{i+1} での密度．

式 (11) で述べられていることが座標系と独立であることは明らかである．それゆえ，任意の座標系における波動方程式を探すには，最も簡単な手順は最初に方程式として直交座標系のものを導き，これを必要な座標系に変換することである．それゆえ，仮説とシュレーディンガー方程式の関係を直交直線座標系で示せば十分である．

ここで示した一次元での導出は，三次元デカルト座標系で粒子数が任意の K 個の場合について，これらがポテンシャルを通じ相互作用し，磁場がベクトルポテンシャルで記述される場合へとすぐに一般化できる．ベクトルポテンシャルの項は通常のガウス積分で指数部を平方完成させる必要がある．変数 x は $x^{(1)}$ から $x^{(3K)}$ までの集合に置き換えなければならない．ここで $x^{(1)}$, $x^{(2)}$, $x^{(3)}$ は質量 m_1 の最初の粒子の座標であり，$x^{(4)}$, $x^{(5)}$, $x^{(6)}$ は質量 m_2 の二番目の粒子である等々．記号 dx は $dx^{(1)}dx^{(2)}\cdots dx^{(3K)}$ に置き換え，dx 上の積分は $3K$ 重積分に置き換える．定数 A はこの場合，値が $A = (2\pi\hbar\epsilon i/m_1)^{\frac{3}{2}}(2\pi\hbar\epsilon i/m_2)^{\frac{3}{2}}\cdots(2\pi\hbar\epsilon i/m_K)^{\frac{3}{2}}$ となる．ラグランジアンは同じ問題の古典的なラグランジアンで，結果として出てくるシュレーディンガー方程式は古典的なハミルトニアンに対応し，このハミルトニアンはラグランジアンから導かれるものである．他の座標系での方程式は変数変換から導かれるだろう．これはシュレーディンガー方程式が実験的に検証されてきたすべての場合を含むので，スピンを無視すれば，我々の仮説は非相対論的な量子力学が記述できるものを記述する．

7 波動方程式についての議論——古典極限

ここでは新たな定式化と古い定式化の等価性に関するこれまでの説明を締めくくる．この節では，重要な式 (18) についての多少の注釈も含めたい．

この式は短い時間の間での波動関数の時間発展を与える．これはホイヘンス (Huygens) の原理の物質波に関する表式として，物理的に簡単に解釈できる．幾何光学では不均質な媒体中の光線はフェルマー (Fermat) の最小時間の原理を満たす．波動光学におけるホイヘンスの原理は次のように述べることができる：もしある面での波の振幅がわかっていたとすると，その近くの点での振幅は面上のすべての点からの寄与の和とみなすことができる．それぞれの寄与に

おいて，幾何光学での最小時間の光線に沿って，光が面からその点に移動するのにかかる時間に比例する量だけ位相が遅れる．式 (22) を類似の方法で考察することができるが，このときは，古典的あるいは"幾何学的"力学についてのハミルトンの最小作用の原理から出発する．もし波 ψ の振幅が与えられた"面"，とりわけ，ある時刻 t でのすべての x からなる"面"においてわかっていたとすると，時刻 $t+\epsilon$ でのある近くの点での値は時刻 t での面のすべての点からの寄与の和である．それぞれの寄与において，古典力学の最小作用の経路に沿って，面からその点に移動するのにかかる作用に比例する量だけ位相が遅れる[16]．

実はホイヘンスの原理は光学では正しくない．それはキルヒホッフ(Kirchhoff)による修正版に置き換えられた．この修正版では近くの面での振幅とその微係数が既知であることが必要である．理由は光学での波動方程式が時間について二階だからだ．量子力学の波動方程式は時間について一階である．このため物質波に対しては時間を作用で置き換えるとホイヘンスの原理は正確なのだ．

この方程式はまた通常の定式化で現れる量と数学的に比較できる．シュレーディンガーの方法では，波動関数の時間発展は

$$-\frac{\hbar}{i}\frac{\partial \psi}{\partial t} = \boldsymbol{H}\psi \tag{31}$$

によって与えられる．これは解

$$\psi(x, t+\epsilon) = \exp(-i\epsilon \boldsymbol{H}/\hbar)\psi(x, t) \tag{32}$$

を持つ($\boldsymbol{H}$ が時間に依存しないなら，これは任意の ϵ で成り立つ)．それゆえ，式 (18) は演算子 $\exp(-i\epsilon \boldsymbol{H}/\hbar)$ を小さい ϵ についての近似的な積分演算子で表現するものである．

ハイゼンベルクの観点からは，例えば時刻 t での位置を演算子 $\boldsymbol{x}$ だとみなす．後の時刻 $t+\epsilon$ での位置 $\boldsymbol{x}'$ は時刻 t での演算子を使って，演算子の関係式

---

[16] これと関連してシュレーディンガーの極めて興味深い注釈を参照のこと：E. Schrödinger, *Ann. d. Physik* **79** (1926) p. 489.

$$\boldsymbol{x}' = \exp(i\epsilon \boldsymbol{H}/\hbar)\boldsymbol{x}\exp(-i\epsilon \boldsymbol{H}/\hbar) \tag{33}$$

で与えられる．ディラックの変換理論では，時刻 $t+\epsilon$ での波動関数 $\psi(x',t+\epsilon)$ は $\boldsymbol{x}'$ について対角的な表示における状態の表現とみなせる一方で，$\boldsymbol{x}$ について対角的な同じ状態を $\psi(x,t)$ が表現すると考えることができる．したがって，変換関数 $(x'|x)_\epsilon$ を通じてこれらの表現は

$$\psi(x',t+\epsilon) = \int (x'|x)_\epsilon \psi(x,t)dx$$

のように結びつけられる．それゆえに，式 (18) の意味は小さい ϵ について

$$(x'|x)_\epsilon = (1/A)\exp(iS(x',x)/\hbar) \tag{34}$$

と置けることを示すものである．ここで $S(x',x)$ は (11) で定義されたもの．

$(x'|x)_\epsilon$ と量 $\exp(iS(x',x)/\hbar)$ との密接な類似性は幾度かディラック[1]によって指摘されてきた．実は，十分な近似で両者は互いに比例するとみなしてよいことがここではわかる．ディラックの観察は現在の成果の出発点であった．古典極限 $\hbar\to 0$ への移行について彼が述べたことは極めて美しいものであり，ここで簡単に概要を述べてもよいだろう．

まず，時刻 t'' における x'' での波動関数は，時刻 t' における x' での波動関数から

$$\psi(x'',t'')$$
$$= \operatorname*{Lim}_{\epsilon\to 0}\int\cdots\int\exp\left[\frac{i}{\hbar}\sum_{i=0}^{j-1}S(x_{i+1},x_i)\right]\psi(x',t')\frac{dx_0}{A}\frac{dx_1}{A}\cdots\frac{dx_{j-1}}{A} \tag{35}$$

によって導かれる．ここで $x_0\equiv x'$, $x_j\equiv x''$, $j\epsilon = t''-t'$ とした（時刻 t' と t'' との間では積分範囲に何も制限を課さなかった）．これは式 (18) をくりかえし適用するか，あるいは (15) を直接用いることから示せる．ここでは $\hbar\to 0$ について中間の座標 x_i のどの値が積分に最も大きく寄与するかを考える．これは実験で最も見いだされやすい値であり，それゆえ極限では古典経路を決めるだろう．もし $\hbar$ がとても小さければ，指数はどの変数 x_i についても極めて速く変動するだろう．x_i が変わるにつれ，指数の正と負の寄与がほとんど相殺され

る．x_i が最も強く寄与する領域は x_i について指数の位相が最も遅く変化する場所におけるものである(定常位相の方法)．指数の和を S と記すと

$$S = \sum_{i=0}^{j-1} S(x_{i+1}, x_i) \tag{36}$$

となる．すると S の変化率が小さい点 x_i を古典軌道は近似的に通る．あるいは $\hbar$ の小さい極限では，S の変化率がゼロである点を通る．つまり古典軌道はすべての x_i で $\partial S/\partial x_i = 0$ を満たす点を通る．$\epsilon \to 0$ の極限を取ると，式 (11) のために (36) は

$$S = \int_{t'}^{t''} L(\dot{x}(t), x(t)) dt \tag{37}$$

になる．すると古典的な経路は積分 (37) が経路の変分で一次の変動を持たない点だとわかる．これはハミルトンの原理であり，ラグランジュの運動方程式を直接導くものである．

8 演算子の代数——行列要素

波動関数とシュレーディンガー方程式を与えればもちろん，演算子や行列代数における一連の複雑な手続きのすべてを展開できる．しかしながら上で述べた仮説を示すときに用いた言語により近いものでこれらの概念を示すことがむしろ興味深い．ここから演算子の代数について明らかになることは少ない．実はその結果は，演算子の単純な式をより厄介な表式に翻訳しただけのことである．一方で，導入で述べたある種の応用では，この新しい表式と観点は極めて有用である．さらに，この表式のおかげで，通常考察されているよりも広いクラスの演算子(例えば，二つあるいはそれ以上異なる時刻に関する量が含まれているようなもの)に対して自然な一般化が許される．広いクラスの作用汎関数への一般化が可能であれば，以下で導く公式は重要な役割を果たすだろう．

これらの点を続く三つの節で論じる．この節は主に定義に関係する．二つの状態の間の遷移要素と呼ばれる量を定義する．これは本質的には行列要素である．しかし，状態 ψ と別の状態 χ の間の同じ時刻に対応する行列要素を考える代わりに，これら二つの状態が異なる時刻に対応する場合を考える．次の節では，遷移要素同士の基本的な関係式を示す．ここから座標と運動量の間の通

常の交換関係を導くことができる．同じ関係式からニュートンの運動方程式も行列形式で出てくる．最後に，第 10 節でハミルトニアンと時間並進操作の関係を論じる．

ある状態から別の状態に遷移する確率を使って遷移要素の定義を始める．より正確には式 (17) を導出するときに述べたような状況を考える．領域 R は t' 以前の領域 R' と，t' から t'' までのすべての空間と，t'' 以降の領域 R'' から成る．領域 R' にある系を後に領域 R'' に見いだす確率を調べる．これは (17) で与えられている．この節では t' と t'' の間のラグランジアンの形を変えることによる，この確率の変化を調べる．第 10 節では準備 R' もしくは実験 R'' を変える場合の確率の変化を調べる．

時刻 t' での状態は準備 R' によって完全に明確である．これは式 (15) のように求まった波動関数 $\psi(x',t')$ によって明記できるが，時刻 t' までの積分のみを含む．同様に，(領域 R'' の) 実験に特徴的な状態は，t'' 以降の積分だけを含む (16) から関数 $\chi(x'',t'')$ で定義できる．時刻 t'' での波動関数 $\psi(x'',t'')$ もまた，(15) をうまく適用することでもちろん導かれる．$\psi(x',t')$ から式 (35) によってもこれは計算することができる．式 (17) で t の代わりに t'' とおいたものからすると，もし ψ に準備した場合に χ に見いだされる確率は，遷移振幅と呼ばれる量 $\int \chi^*(x'',t'')\psi(x'',t'')dx''$ の自乗である．これを t'' での χ と t' での ψ を使って表記したい．これは式 (35) を使うとできる．ゆえに時刻 t' にて状態 $\psi_{t'}$ に準備された系が，その後 t'' にて状態 $\chi_{t''}$ に見いだされる確率は，遷移振幅

$$\langle \chi_{t''}|1|\psi_{t'}\rangle_S = \lim_{\epsilon \to 0} \int \cdots \int \chi^*(x'',t'') \exp(iS/\hbar) \psi(x',t') \frac{dx_0}{A} \cdots \frac{dx_{j-1}}{A} dx_j \tag{38}$$

の自乗である．式 (36) での略記をここで用いた．

通常の量子力学の説明では，ハミルトニアン $\boldsymbol{H}$ がもし定数なら $\psi(x,t'') = \exp[-i(t''-t')\boldsymbol{H}/\hbar]\psi(x,t')$ なので，式 (38) は状態 $\chi_{t''}$ と $\psi_{t'}$ の間についての $\exp[-i(t''-t')\boldsymbol{H}/\hbar]$ の行列要素のことである．

もし F が $t'<t_i<t''$ での座標 x_i の関数であれば，作用 S についての，時刻 t' での状態 ψ と時刻 t'' での χ の間の遷移要素を

$$\langle \chi_{t''}|F|\psi_{t'}\rangle_S = \lim_{\epsilon \to 0} \int \cdots \int \chi^*(x'',t'')F(x_0,x_1,\cdots x_j)$$
$$\times \exp\left[\frac{i}{\hbar}\sum_{i=0}^{j-1} S(x_{i+1},x_i)\right]\psi(x',t')\frac{dx_0}{A}\cdots\frac{dx_{j-1}}{A}dx_j \quad (39)$$

として定義する($x''\equiv x_j$, $x'\equiv x_0$). $\epsilon\to 0$ の極限で, F は経路 $x(t)$ の汎関数である.

なぜこのような量が重要なのかはすぐにわかる. よりわかりやすくするために少し立ち止まり, 通常の記法でこの量が何に対応するかを明らかにする. F が単に x_k だとする. ここで k はある時刻 $t=t_k$ に対応する. すると, (39) の右辺で x_0 から x_{k-1} まで積分することで $\psi(x_k,t)$ つまり $\exp[-i(t-t')\boldsymbol{H}/\hbar]\psi_{t'}$ が出てくる. 同様に, $j\geq i>k$ について x_i を積分すると $\chi^*(x_k,t)$ つまり $\{\exp[-i(t''-t)\boldsymbol{H}/\hbar]\chi_{t''}\}^*$ が出てくる*4. ゆえに, x_k の遷移要素

$$\langle \chi_{t''}|F|\psi_{t'}\rangle_S = \int \chi^*_{t''} e^{-(i/\hbar)\boldsymbol{H}(t''-t)} x e^{-(i/\hbar)\boldsymbol{H}(t-t')}\psi_{t'} dx$$
$$= \int \chi^*(x,t) x \psi(x,t) dx \quad (40)$$

は, 時刻 $t=t_k$ での $\boldsymbol{x}$ の行列要素だが, ここで用いる状態の組は, 時刻 t' での $\psi_{t'}$ が時刻 t に発展した状態と, 時刻 t'' での $\chi_{t''}$ に至るような時刻 t での状態である. このため, その遷移要素はこれらの状態の間での $\boldsymbol{x}(t)$ の行列要素である.

同様に式 (39) で $F=x_{k+1}$ とすると, x_{k+1} の遷移要素は $\boldsymbol{x}(t+\epsilon)$ の行列要素である. $F=(x_{k+1}-x_k)/\epsilon$ の遷移要素は, (40) からすぐ示せるように, $(\boldsymbol{x}(t+\epsilon)-\boldsymbol{x}(t))/\epsilon$ あるいは $i(\boldsymbol{Hx}-\boldsymbol{xH})/\hbar$ の行列要素である. これは速度 $\dot{x}(t)$ の行列要素と呼ぶことができる.

次の問題として, 例えば, ポテンシャルに小さい量 $U(\boldsymbol{x},t)$ だけ加わった場合について考えてみる. これは最初の問題とは異なるものである. この新しい問題では S を置き換える量は $S'=S+\sum_i \epsilon U(x_i,t_i)$ である. (38) に代入すると, 直接

---

*4（訳注） これは式 (40) と矛盾する. $\chi^*(x_k,t)=\{\exp[i(t''-t)\boldsymbol{H}/\hbar]\chi_{t''}\}^*$ であるべき.

$$\langle \chi_{t''}|1|\psi_{t'}\rangle_{S'} = \left\langle \chi_{t''}\left|\exp\frac{i\epsilon}{\hbar}\sum_{i=1}^{j}U(x_i,t_i)\right|\psi_{t'}\right\rangle_S \tag{41}$$

が得られる．それゆえに (39) のような遷移要素は F が作用の表式での変化 δS から出てくる限りでは重要である．汎関数 F が作用 S で起き得る変化から作られる変化によって(間接的な場合も含む)定義可能な場合，これを測定可能な汎関数と呼ぶ．汎関数が測定可能である条件は演算子のエルミート条件とある程度似ている．測定可能な汎関数はある限定されたクラスである．なぜなら，作用は速度の二次関数のままでなければならないからである．ある測定可能な汎関数から他のものを導くには，例えば，

$$\langle \chi_{t''}|F|\psi_{t'}\rangle_{S'} = \left\langle \chi_{t''}\left|F\exp\frac{i\epsilon}{\hbar}\sum_{i=1}^{j}U(x_i,t_i)\right|\psi_{t'}\right\rangle_S \tag{42}$$

を使う．これは (39) から得たものである．

ついでだが，式 (41) は重要な摂動公式を直接導く．もし U からの影響が小さい場合，指数関数は U の一次まで展開できて，

$$\langle \chi_{t''}|1|\psi_{t'}\rangle_{S'} = \langle \chi_{t''}|1|\psi_{t'}\rangle_S + \frac{i}{\hbar}\langle \chi_{t''}|\sum_i \epsilon U(x_i,t_i)|\psi_{t'}\rangle_S \tag{43}$$

が得られる．特に重要なのは，摂動 U がないと $\psi_{t'}$ には $\chi_{t''}$ が見いだされない場合である(つまり，$\langle \chi_{t''}|1|\psi_{t'}\rangle_S=0$ のこと)．このとき，

$$\frac{1}{\hbar^2}|\langle \chi_{t''}|\sum_i \epsilon U(x_i,t_i)|\psi_{t'}\rangle_S|^2 \tag{44}$$

は摂動の一次で誘起された遷移の確率である．通常の記法では

$$\langle \chi_{t''}|\sum_i \epsilon U(x_i,t_i)|\psi_{t'}\rangle_S$$
$$= \int\left\{\int \chi_{t''}^* e^{-(i/\hbar)\boldsymbol{H}(t''-t)}\boldsymbol{U}e^{-(i/\hbar)\boldsymbol{H}(t-t')}\psi_{t'}dx\right\}dt$$

なので[*5]，(44) は時間に依存しない摂動論の通常の表記[17]に戻る．

[*5] (訳注) この式の右辺に ϵ を掛けておくべき．
[17] ディラック『量子力學(原書第 4 版)』(岩波書店，1968 年) §45 の式 (20)．

9 ニュートン方程式——交換関係

この節では，任意の二つの状態の間について，異なる汎関数が同一の結果をもたらし得ることを理解する．このような汎関数の間の等価性は，演算子の関係式を新しい言語で述べることである．

もし F がいろいろな座標に依存するならもちろん，変数の一つ，例えば x_k $(0<k<j)$ について微分することで，新しい汎関数 $\partial F/\partial x_k$ を定義できる．式 (39) でもし $\langle \chi_{t''}|\partial F/\partial x_k|\psi_{t'}\rangle_S$ を計算すると，右辺の積分は $\partial F/\partial x_k$ を含む．他に変数 x_k が現れるのは S のみである．ゆえに，x_k についての部分積分ができる．部分積分の一項目は消え（波動関数が無限遠で消えることを仮定する），残りは $-F(\partial/\partial x_k)\exp(iS/\hbar)$ である．しかし，$(\partial/\partial x_k)\exp(iS/\hbar)=(i/\hbar)(\partial S/\partial x_k)\exp(iS/\hbar)$ なので，右辺は $-(i/\hbar)F(\partial S/\partial x_k)$ の遷移要素を表す．即ち，

$$\left\langle \chi_{t''} \left| \frac{\partial F}{\partial x_k} \right| \psi_{t'} \right\rangle_S = -\frac{i}{\hbar} \left\langle \chi_{t''} \left| F\frac{\partial S}{\partial x_k} \right| \psi_{t'} \right\rangle_S \tag{45}$$

が成立する．この関係式は大変重要であり，任意の二つの状態の間の遷移要素について二つの異なる汎関数が同じ結果を与え得ることを示している．これらを等価だと言うことにし，この関係を

$$-\frac{\hbar}{i}\frac{\partial F}{\partial x_k} \underset{S}{\leftrightarrow} F\frac{\partial S}{\partial x_k} \tag{46}$$

のように記す．ここで記号 $\underset{S}{\leftrightarrow}$ は，ある古典作用の下で等価な汎関数が，他の作用で等価だとは限らないことを強調するものである．(46) 中の量が測定可能だとは限らない．しかしながらこの等価性は成立する．(36) を使うと

$$-\frac{\hbar}{i}\frac{\partial F}{\partial x_k} \underset{S}{\leftrightarrow} F\left[\frac{\partial S(x_{k+1},x_k)}{\partial x_k} + \frac{\partial S(x_k,x_{k-1})}{\partial x_k}\right] \tag{47}$$

と記すことができる．この式は正確にはゼロであり，ϵ の一次の量である．この式は運動量と座標の交換関係や，行列形式のニュートン運動方程式を導くものである．

先程の単純な一次元問題では $S(x_{i+1}, x_i)$ は式 (15)[*6]で与えられるので

$$\partial S(x_{k+1}, x_k)/\partial x_k = -m(x_{k+1}-x_k)/\epsilon$$

および

$$\partial S(x_k, x_{k-1})/\partial x_k = +m(x_k-x_{k-1})/\epsilon - \epsilon V'(x_k)$$

である．ここで $V'(x)$ はポテンシャルの微分，もしくは力の逆符号である．すると式 (47) は

$$-\frac{\hbar}{i}\frac{\partial F}{\partial x_k} \underset{S}{\leftrightarrow} F\left[-m\left(\frac{x_{k+1}-x_k}{\epsilon} - \frac{x_k-x_{k-1}}{\epsilon}\right) - \epsilon V'(x_k)\right] \qquad (48)$$

となる．もし F が変数 x_k に依存しないなら，これはニュートンの運動方程式を与える．例えば，もし F が定数であり，これを 1 とすれば，(48) からすぐに (ϵ で割って)

$$0 \underset{S}{\leftrightarrow} -\frac{m}{\epsilon}\left(\frac{x_{k+1}-x_k}{\epsilon} - \frac{x_k-x_{k-1}}{\epsilon}\right) - V'(x_k)$$

を得る．ゆえに，任意の二つの状態間について，質量に加速度 $[(x_{k+1}-x_k)/\epsilon - (x_k-x_{k-1})/\epsilon]/\epsilon$ を掛けた量の遷移要素は，同じ状態間に対する力 $-V'(x_k)$ の遷移要素と等しい．これはニュートンの法則の，量子力学で成立するような行列での表式である．

もし F が x_k に依存すると何が起きるだろうか？例えば $F=x_k$ とする．そのとき $\partial F/\partial x_k = 1$ なので 式 (48) から

$$-\frac{\hbar}{i} \underset{S}{\leftrightarrow} x_k\left[-m\left(\frac{x_{k+1}-x_k}{\epsilon} - \frac{x_k-x_{k-1}}{\epsilon}\right) - \epsilon V'(x_k)\right]$$

あるいは，ϵ の一次の項を落として

$$m\left(\frac{x_{k+1}-x_k}{\epsilon}\right)x_k - m\left(\frac{x_k-x_{k-1}}{\epsilon}\right)x_k \underset{S}{\leftrightarrow} \frac{\hbar}{i} \qquad (49)$$

となる．(49) のような式を通常の記法に変換するには，$x_k x_{k+1}$ のような量がどの行列に相当するのかを見つける必要がある．(39) を調べると明らかなこ

[*6]（訳注）これは式 (22) とすべき．

とだが，例えば，もし F を $f(x_k)g(x_{k+1})$ と等しいとおくと，(40) での対応する演算子は，

$$e^{-(i/\hbar)(t''-t-\epsilon)\boldsymbol{H}}g(\boldsymbol{x})e^{-(i/\hbar)\epsilon\boldsymbol{H}}f(\boldsymbol{x})e^{-(i/\hbar)(t-t')\boldsymbol{H}}$$

であり，これについて状態 $\chi_{t''}$ と $\psi_{t'}$ の間の行列要素を考えていることになる．x_{k+1} の関数に対応する演算子は x_k の関数に対応する演算子の左側に現れる．つまり，**行列の積における因子の順序は，汎関数での対応する因子の時間についての順序に相当する**．そこで，汎関数のそれぞれの項で，後の時刻に対応する因子が，それ以前の因子の左側に現れるように記すことができ，実際にそう記されているとしよう．すると演算子の順序が汎関数での順序と同じなら，対応する演算子はすぐに書き下すことができる[18]．明らかに汎関数での因子の順番には意味がない．順序付けは通常の演算子での表記を簡単に変換するだけのものである．式 (49) を簡単な変換のために望ましいやり方で書くには，左辺の二項目の因子の順番を逆にすべきである．したがって，これは

$$\boldsymbol{px} - \boldsymbol{xp} = \hbar/i$$

に相当する．ここで演算子 $m\dot{\boldsymbol{x}}$ を $\boldsymbol{p}$ と記した．

汎関数とこれに対応する演算子との関係は，上では時間についての因子の順序で定義されている．速度や高階の微分を含む場合，この規則に忠実であるように特に慎重になる必要があることを注意すべきである．$(\dot{x})^2$ の形の演算子[*7]を正しく表現する汎関数は正確には $(x_{k+1}-x_k)/\epsilon \cdot (x_k-x_{k-1})/\epsilon$ であって，$[(x_{k+1}-x_k)/\epsilon]^2$ ではない．後者は $\epsilon \to 0$ で $1/\epsilon$ に比例して発散する．これを示すには式 (49) の第二項目を，ϵ だけ後の時刻の量である $x_{k+1}\cdot m(x_{k+1}-x_k)/\epsilon$ で置き換える．この式は ϵ のゼロ次の範囲では変化しない．すると (ϵ で割って)

$$\left(\frac{x_{k+1}-x_k}{\epsilon}\right)^2 \underset{S}{\leftrightarrow} -\frac{\hbar}{im\epsilon} \qquad (50)$$

を得る．これは以前説明した結果だが，経路の二つの連続する場所の間におけ

---

[18] ディラックは異なる時刻に関する量を含む演算子も調べていた．注 2 の文献を参照．

[*7] (訳注) この演算子は正しくは $(\dot{\boldsymbol{x}})^2$ と記すべき．

る"速度" $(x_{k+1}-x_k)/\epsilon$ の自乗平均が $\epsilon^{-\frac{1}{2}}$ のオーダーであることを示すものだ．

それゆえ運動エネルギーに対応する汎関数を，例えば，単に

$$\frac{1}{2}m[(x_{k+1}-x_k)/\epsilon]^2 \tag{51}$$

と書いてもうまくいかない．というのもこの量は $\epsilon \to 0$ で発散するからである．実は，これは測定可能な汎関数ではない．

粒子の質量の変化によってもたらされた遷移振幅の一次の変動を考えると，測定可能な汎関数としての運動エネルギーを計算することができる．時刻 t_k 周辺の短い時間 ϵ の間に m を $m(1+\delta)$ に変化させる．古典作用は $\frac{1}{2}\delta\epsilon m[(x_{k+1}-x_k)/\epsilon]^2$ だけ変化し，その導関数は (51) に似た表式を与える．ところが m の変化は dx_k に対応する規格化定数 $1/A$, および作用を変えるのである．規格化定数は $(2\pi\hbar\epsilon i/m)^{-\frac{1}{2}}$ から $(2\pi\hbar\epsilon i/m(1+\delta))^{-\frac{1}{2}}$ まで変化した．つまり δ の一次で $\frac{1}{2}\delta(2\pi\hbar\epsilon i/m)^{-\frac{1}{2}}$ だけの変化である．質量の変化による式 (38) での全体の影響は，δ の一次で

$$\langle \chi_{t''}|\frac{1}{2}\delta\epsilon im[(x_{k+1}-x_k)/\epsilon]^2/\hbar + \frac{1}{2}\delta|\psi_{t'}\rangle$$

である．δ のオーダーでの変化が時間 ϵ 続くことで，オーダー $\delta\epsilon$ となると考える．ゆえに，$\delta\epsilon i/\hbar$ で割ることで，運動エネルギーの汎関数を

$$\text{K.E.} = \frac{1}{2}m[(x_{k+1}-x_k)/\epsilon]^2 + \hbar/2\epsilon i \tag{52}$$

として定義する．式 (50) からこれは $\epsilon \to 0$ で有限．式 (48) で F に $m(x_{k+1}-x_k)/\epsilon$ を代入して得られる式を使うことで，(52) は (ϵ のオーダーまでで)

$$\text{K.E.} = \frac{1}{2}m\left(\frac{x_{k+1}-x_k}{\epsilon}\right)\left(\frac{x_k-x_{k-1}}{\epsilon}\right) \tag{53}$$

と等しいことが示せる．つまり速度のベキ乗を含むような測定可能な汎関数を作るのに最も簡単な方法は，速度のベキを複数の速度の積に置き換えることである．ここで積のそれぞれの因子は，微小に異なる時刻でのものとする．

10 ハミルトニアン——運動量

量子力学の通常の定式化では，ハミルトニアン演算子は大変重要である．この演算子に対応する汎関数を本節で調べる．運動エネルギーの汎関数 (52) あるいは (53) にポテンシャルを加えれば，すぐにハミルトニアン汎関数が定義できるであろう．この方法は不自然で，ハミルトニアンと時間との重要な関係を示すものではない．時間を変位させた場合に状態に起きる変化からハミルトニアン汎関数を定義しよう．

このためにちょっと脇道にそれ，時間を同じ間隔で分ける必要がないことを指摘しなくてはならない．明らかに，どのような分けかたで時刻 t_i を導入してもよい；最大の間隔 $t_{i+1}-t_i$ をゼロに近づけることで極限を取る．すると作用の合計 S は和

$$S = \sum_i S(x_{i+1}, t_{i+1}; x_i, t_i) \tag{54}$$

として表される．ここで，

$$S(x_{i+1}, t_{i+1}; x_i, t_i) = \int_{t_i}^{t_{i+1}} L(\dot{x}(t), x(t))dt \tag{55}$$

であり，積分は t_i での x_i と，t_{i+1} での x_{i+1} を結ぶ古典経路に沿って行う．簡単な一次元の例については，十分よい精度でこれは

$$S(x_{i+1}, t_{i+1}; x_i, t_i) = \left\{\frac{m}{2}\left(\frac{x_{i+1}-x_i}{t_{i+1}-t_i}\right)^2 - V(x_{i+1})\right\}(t_{i+1}-t_i) \tag{56}$$

となる．dx_i の積分に対応する規格化定数は $A=(2\pi\hbar i(t_{i+1}-t_i)/m)^{-\frac{1}{2}}$ である．

時間並進による状態の変化と H との関係を調べることが今やできるようになった．時空の領域 R' によって定義される状態 $\psi(t)$ を考察しよう．ここでは時刻 t での別の状態 $\psi_\delta(t)$ として，別の時空の領域 R'_δ で定義されるものを考察してみる．領域 R'_δ は，時間が δ だけ早い以外は R' と同じだとする．つまり時間 δ だけ過去に丸ごと変位を受けたとする．R'_δ について系を準備するすべての装置は R' と同じで，ただし時間 δ だけ早く操作される．もしラグランジアン L も陽に時間に依存するならば，これも並進を受ける．つまり状

態 ψ_δ を得るのに，状態 ψ のために使った L を使うのだが，L_δ では時刻 t を $t+\delta$ に置き換えておく．状態 ψ_δ は ψ からどのように異なるだろうか？ どのような測定でも，固定された領域 R'' に系を見いだす確率は R' と R'_δ では異なる．変化 δ がもたらす遷移振幅 $\langle\chi|1|\psi_\delta\rangle_{S_\delta}$ の変動を考察する．この変化は $i \leq k$ のすべての t_i の値を δ だけ減らし，かつ，$i>k$ についてすべての t_i の値をそのままにする，とみなすことができる．ただし時刻 t は t_{k+1} と t_k の間の区間にあるとする[19]．t_{i+1} と t_i の両方が同じ分だけ変化する限り，(55) で定義されたように $S(x_{i+1}, t_{i+1}; x_i, t_i)$ に対してこの変化は何も影響しない．一方 $S(x_{k+1}, t_{k+1}; x_k, t_k)$ は $S(x_{k+1}, t_{k+1}; x_k, t_k-\delta)$ に変わる．dx_k の積分についての定数 $1/A$ も $(2\pi\hbar i(t_{k+1}-t_k+\delta)/m)^{-\frac{1}{2}}$ に変更される．遷移要素におけるこれらの変化の影響は，δ の一次では

$$\langle\chi|1|\psi\rangle_S - \langle\chi|1|\psi_\delta\rangle_{S_\delta} = \frac{i\delta}{\hbar}\langle\chi|H_k|\psi\rangle_S \tag{57}$$

である．ここでハミルトニアン汎関数 H_k は

$$H_k = \frac{\partial S(x_{k+1}, t_{k+1}; x_k, t_k)}{\partial t_k} + \frac{\hbar}{2i(t_{k+1}-t_k)} \tag{58}$$

で定義される．最後の項は $1/A$ の変化によるもので，極限 $\epsilon \to 0$ で H_k を有限に保つ役割がある．例えば表式 (56) について，ハミルトニアン汎関数は

$$H_k = \frac{m}{2}\left(\frac{x_{k+1}-x_k}{t_{k+1}-t_k}\right)^2 + \frac{\hbar}{2i(t_{k+1}-t_k)} + V(x_{k+1})$$

となる．ちょうどこれは運動エネルギーの汎関数 (52) とポテンシャルエネルギーの汎関数 $V(x_{k+1})$ との和である．

もちろん波動関数 $\psi_\delta(x,t)$ は時間 δ 後で $\psi(x,t)$ と同じ状態，つまり $\psi(x, t+\delta)$ を表す．ゆえに式 (57) は演算子の方程式 (31) と密接に関係する．

時間の変位がもたらす最終状態 χ での変化を考えることもできるだろう．これは χ と ψ との間での相対的な変化だけなので，もちろんこの方法では何

---

[19] 数学的に厳密な観点からは，もし δ が有限であれば，$\epsilon \to 0$ にて例えば間隔 $t_{k+1}-t_k$ が有限に保たれるような困難が出てくる．δ が時間ごとに変化し，$t=t_k$ 以前に滑らかに印加して $t=t_k$ で滑らかに消すように仮定することで，これは解決できる．こうして δ の時間変化を止めて，$\epsilon \to 0$ とする．そして，$\delta \to 0$ での一次の変化を計算する．その結果は，上で使ったおおざっぱな手続きでのものと本質的には同じである．

も新しい結果はない．この変化から，もう一つの表式

$$H_k = -\frac{\partial S(x_{k+1}, t_{k+1}; x_k, t_k)}{\partial t_{k+1}} + \frac{\hbar}{2i(t_{k+1}-t_k)} \quad (59)$$

が得られる．これは式 (58) と ϵ のオーダーだけ異なる．

汎関数の時間変化率は始状態と終状態を一緒に変化させる効果の考察から導かれる．これは後の時間に関する汎関数の遷移要素を計算するのと同じ効果を持つ．結果は演算子の式

$$\frac{\hbar}{i}\dot{\boldsymbol{f}} = \boldsymbol{Hf} - \boldsymbol{fH}$$

である．

運動量汎関数 p_k は位置の変位がもたらす変化を考察することで，同様に定義できる：

$$\langle\chi|1|\psi\rangle_S - \langle\chi|1|\psi_\Delta\rangle_{S_\Delta} = \frac{i\Delta}{\hbar}\langle\chi|p_k|\psi\rangle_S.$$

領域 R' を空間中で距離 Δ だけ移動させた以外は同一の領域 R'_Δ から，状態 ψ_Δ は準備される．（ラグランジアンが x に陽に依存するなら，以前に時刻について t を変えたように，$L_\Delta = L(\dot{x}, x-\Delta)$ と変えなければならない．）すると[20]

$$p_k = \frac{\partial S(x_{k+1}, x_k)}{\partial x_{k+1}} = -\frac{\partial S(x_{k+1}, x_k)}{\partial x_k} \quad (60)$$

となる．$\psi_\Delta(x,t)$ は $\psi(x-\Delta, t)$ と等しいので，p_k と波動関数の x についての導関数との密接な関係が確立した．

角運動量演算子は同様に回転と関係する．

$S(x_{i+1}, t_{i+1}; x_i, t_i)$ の t_{i+1} についての導関数は H_i の定義に現れる．x_{i+1} に関する導関数は p_i を定義する．しかし $S(x_{i+1}, t_{i+1}; x_i, t_i)$ の t_{i+1} についての導関数は，x_{i+1} に関する導関数と関係している．なぜなら (55) で定義され

---

[20] 式 (60) の p_i を (47) にすぐには代入しなかった．なぜなら，そうしてしまうと (47) は ϵ についてゼロ次と一次で正しくないからである．交換関係は導けるのだが，運動方程式は導けなくなってしまう．(60) の二つの表式は t_i から t_{i+1} の間隔の両端での運動量を表す．時間 ϵ の間に作用する力のために，これらは $\epsilon V'(x_{k+1})$ だけ異なる．

た関数 $S(x_{i+1}, t_{i+1}; x_i, t_i)$ はハミルトン-ヤコビ方程式を満たすからである．そのためハミルトン-ヤコビ方程式は H_i を p_i で表現する式である．換言すれば，状態の時間並進は同じ状態の空間並進と関係している事実をこれは物語っている．この考えは式 (30) で導出を示したよりもずっと洗練されたシュレーディンガー方程式の導出に直結する．

11 この定式化の不備な点

ここで与えた定式化は重大な欠点を持っている．必要とする数学的な概念は見慣れないものである．今のところ，式の意味を明らかにするには，不自然かつ厄介な時間間隔の細分が必要である．この問題は汎関数の記法と概念を使うことでかなり改善できる．しかしながら，定式化を最初に紹介する上では，この記法を避けるのが最も適切だと考えられる．加えて，汎関数の引数となる汎関数 $x(t)$ の空間については適切な測度が必要である[10]．

同時にこの定式化は物理的な観点からも不完全である．量子力学の最も重要な特性の一つは，ユニタリ変換の下での不変性である．現在の定式化はもちろん通常の定式化と等価なので，これらの変換について不変であることを数学的に示すことはできる．しかしながら，この不変性が**物理的に明らかであるように**は定式化されていない．この不完全性が明確に現れるところがある．直接的な手続きによって位置以外の量についての測定を記述することの概略が与えられてはいない．例えば一つの粒子の運動量の測定は他の粒子の位置の測定を通じて定義できる．そのような状況の解析の結果は，運動量の測定と波動関数のフーリエ変換との関連付けを示すものではない．しかし，このような重要な物理的な結果を得るためには，これはかなり迂遠なものである．予想としては，この仮説の一般化における "時空の領域 R における経路" の考えの代替物として，"クラス R の経路" あるいは "性質 R を持つ経路" が考えられる．しかし，どの性質がどの物理的な測定に対応するのかは，一般的な方法では定式化されていない．

12 可能な一般化

この定式化は自明な一般化を示唆する．興味深い古典力学の問題のなかに

は，最小作用の原理を満たす一方で，作用を位置と速度の関数の積分として書くことができないものがある．例えば作用が加速度を含むことがある．あるいは一方で，相互作用が瞬時に伝わらないなら，$\int x(t)x(t+T)dt$ のように二つの異なる時刻での座標の積を作用が含むことがある．すると古典作用を (10) のような小さな寄与の和には分解できない．結果として状態を記述するような波動関数を得ることができない．しかしながら，領域 R' を出発し，別の領域 R'' に至ることについての遷移確率は定義できる．遷移要素 $\langle \chi_{t''}|F|\psi_{t'}\rangle_S$ の理論のほとんどをそのまま使うことができる．$\langle R''|F|R'\rangle_S$ のような記号を作り出すには (39) のような式に対して，ψ と χ で式 (19) や (20)[*8]を代入し，S についてより一般の古典作用を使えばよい．ハミルトニアン汎関数と運動量汎関数は第 10 節でやったように定義できる．さらなる詳細は筆者の博士論文を参照のこと[21]．

13　場の振動子の消去への応用

ここでの定式化の特徴の一つは，与えられた状況における時空の関係について，ある種の鳥瞰図を与えることができることである．(39) のような表式において x_i の積分を実行する前は，さまざまな汎関数 F を入れても構わないような形式になっている．量子力学的な系で異なる時刻が互いに関係する現象がどのように起きるかを調べることができる．これらの漠然とした見解をある程度はっきりさせるため，一例を論じる．

古典電磁気学では，電磁場として，例えば二つの粒子の相互作用を記述するようなものは，振動子の一群として表現することができる．これら振動子の運動方程式は解くことができ，本質的には振動子を消去できるだろう（リエナール (Lienard) とウィーヘルト (Wiechert) のポテンシャル）．この結果出てくる

---

　*8（訳注）　正しくは「式 (15) や (16)」であろう．

　21)　J. A. Wheeler and R. P. Feynman, *Rev. Mod. Phys.* **17** (1945) p. 157 にて記されている電磁気学の理論は粒子の位置のみを含む最小作用の原理で表現できる．この理論を場を参照せずに量子化する試みのために筆者はここで与えられた量子力学の定式化を調べることになった．より一般の作用汎関数の場合を含む考えの一般化は筆者がプリンストン大学に 1942 年に提出した博士論文 "量子力学における最小作用の原理"（原題 "The principle of least action in quantum mechanics"）で展開された（訳注：日本語訳は本書に収録されている）．

相互作用はある時刻でのある粒子と，別の時刻でのもう片方の粒子との関係を含む．量子電磁気学では再び，場は振動子の一群として表現される．しかし，古典論と違って振動子の運動は解くことができず振動子すべては消去できない．縦波を表現する振動子は消去してよいのは事実である．これを消去すると瞬時に伝わる静電相互作用が出てくる．静電場が得られるような消去の手続きはたいへん教育的である．というのも，ここでは自己相互作用の困難が極めて明瞭に現れるからである．実は，これははっきり現れるので，どの項が妥当ではなくて落とすべきかを決めるのに曖昧な点はない．ここでの全体の手続きや，落とされる項は相対論的に不変ではない．縦波を表現する振動子も消去可能であることが極めて望ましいように思える．ある時刻での粒子 a の運動は過去の時刻での b の運動に依存し，逆もまた同様であることが当然なはずである．しかしながら波動関数 $\psi(x_a, x_b; t)$ が記述できるのは，ある時刻での両方の粒子の振舞いである．b の過去の経過を追跡することから，a の挙動を定めるような方法はない．時刻 t での振動子の一群の状態を指定することだけが許されることである．このことは b (および a) がやっていたことを"思い出す"のに使う．

ここでの定式化ではすべての振動子の運動を解き，さらにこれらの振動子を粒子を記述する方程式から完全に消去する余地がある．これは簡単にできる．単に，粒子についてのあらゆる変数 x_i を積分する前に，振動子の運動を解けばよい．x_i での積分は，一つの状態関数の中に過去の履歴を凝縮させようとすることである．これはここでは避けたいことである．もちろん結果は振動子の初期状態と終状態に依存する．これらをもし指定すると，結果は (38) のような $\langle \chi_{t''} | 1 | \psi_{t'} \rangle$ についての方程式である．ただし $\exp(iS/\hbar)$ の他に，粒子の経路を記述する座標のみに依存する汎関数 G を因子として含む．

とても簡単な場合について，これがどのように為されるかを手短に説明する．一つの粒子が座標 $x(t)$ とラグランジアン $L(\dot{x}, x)$ を持ち，この粒子が座標 $q(t)$，ラグランジアン $\frac{1}{2}(\dot{q}^2 - \omega^2 q^2)$ を持つ振動子と相互作用することを考える．系のラグランジアンでの相互作用項は $\gamma(x, t) q(t)$ とする．ここで $\gamma(x, t)$

は粒子の座標 $x(t)$ および時間の任意の関数である[22]. 時刻 t' にて粒子の波動関数が $\psi_{t'}$ で振動子のエネルギー準位は n であるような状態と, 時刻 t'' では粒子が $\chi_{t''}$ で振動子は準位 m にある状態との間の遷移確率を計算したいとしよう. これは

$$\langle \chi_{t''}\varphi_m | 1 | \psi_{t'}\varphi_n \rangle_{S_p+S_0+S_I}$$
$$= \int \cdots \int \varphi_m^*(q_j) \chi_{t''}^*(x_j) \exp \frac{i}{\hbar}(S_p+S_0+S_I) \psi_{t'}(x_0)\varphi_n(q_0)$$
$$\times \frac{dx_0}{A}\frac{dq_0}{a}\cdots\frac{dx_{j-1}}{A}\frac{dq_{j-1}}{a}dx_j dq_j \tag{61}$$

の自乗である. ここで $\varphi_n(q)$ は振動子の状態 n での波動関数, S_p は粒子についての振動子がないとした場合の作用

$$\sum_{i=0}^{j-1} S_p(x_{i+1}, x_i)$$

であり,

$$S_0 = \sum_{i=0}^{j-1}\left[\frac{\epsilon}{2}\left(\frac{q_{i+1}-q_i}{\epsilon}\right)^2 - \frac{\epsilon\omega^2}{2}q_{i+1}^2\right]$$

は振動子のみの作用, そして,

$$S_I = \sum_{i=0}^{j-1} \gamma_i q_i$$

(ここで $\gamma_i = \gamma(x_i, t_i)$) は粒子と振動子の間の相互作用についての古典作用. 振動子の規格化定数 a は $(2\pi\epsilon i/\hbar)^{-\frac{1}{2}}$. ここですべての q_i について指数部は二次的である. そこで $0 < i < j$ のすべての変数 q_i についての積分は簡単に求まる. 一連のガウス積分を計算していく.

これらの積分の結果は, $T = t'' - t'$ と記すと, $(2\pi i\hbar \sin\omega T/\omega)^{-\frac{1}{2}} \exp i(S_p + Q(q_j, q_0))/\hbar$ である. ここで $Q(q_j, q_0)$ はまさに強制調和振動子の古典作用であることがわかる(注15* を参照). これを明示すると

---

[22] γ が粒子の速度 $\dot{x}$ に依存するような場合に一般化しても何も問題は現れない.

*(原書編者注) これは注21, つまりファインマンの博士論文を参照とすべき.

$$Q(q_j, q_0) = \frac{\omega}{2\sin\omega T}\left[(\cos\omega T)(q_j^2+q_0^2)-2q_jq_0\right.$$
$$+\frac{2q_0}{\omega}\int_{t'}^{t''}\gamma(t)\sin\omega(t-t')dt+\frac{2q_j}{\omega}\int_{t'}^{t''}\gamma(t)\sin\omega(t''-t)dt$$
$$\left.-\frac{2}{\omega^2}\int_{t'}^{t''}\int_{t'}^{t}\gamma(t)\gamma(s)\sin\omega(t''-t)\sin\omega(s-t')dsdt\right]$$

である．あたかも $\gamma(t)$ は時間の連続関数であるかのように記してきた．積分は実際にはリーマン和に分解し，$\gamma(t_i)$ には $\gamma(x_i, t_i)$ を代入すべきである．それゆえ Q は $\gamma(x_i, t_i)$ を通じてすべての時刻での粒子の座標に依存し，時刻 t' と t'' での振動子の座標に依存する．ゆえに量 (61) は

$$\langle \chi_{t''}\varphi_m|1|\psi_{t'}\varphi_n\rangle_{S_p+S_0+S_I}$$
$$=\int\cdots\int\chi_{t''}^*(x_j)G_{mn}\exp\left(\frac{iS_p}{\hbar}\right)\psi_{t'}(x_0)\frac{dx_0}{A}\cdots\frac{dx_{j-1}}{A}dx_j$$
$$=\langle\chi_{t''}|G_{mn}|\psi_{t'}\rangle_{S_p}$$

となり，いまやこれは粒子の座標のみを含む．G_{mn} は

$$G_{mn}=(2\pi i\hbar\sin\omega T/\omega)^{-\frac{1}{2}}\int\int\varphi_m^*(q_j)\exp(iQ(q_j,q_0)/\hbar)\varphi_n(q_0)dq_jdq_0$$

で与えられる．

類似のやりかたで続けると，電磁場のすべての振動子を荷電粒子の運動の記述から消去できる．

14 統計力学——スピンと相対性

ここで述べた観点から始めると，測定の理論と量子統計力学の問題はしばしば簡単になる．例えば，測定機器に摂動を加える影響は，振動子について詳細に論じたように積分して消去することが原理的にはできる．統計的な密度行列の，かなり明らかでかつ有用な一般化がある．これは式 (38) の自乗の考察から得られる．これは (38) と類似の表式なのだが，二組の変数 dx_i と dx_i' の積分を含む．指数関数は $\exp i(S-S')/\hbar$ で置き換えられる．ここで S' は，x_i の関数 S と同様の x_i' の関数．これが必要になるのは，例えば電磁場の振動子を消去する上で，振動子の終状態を定めず，終状態 m の和を取った結果を記述

する場合である．

スピンは形式的な方法で導入できるだろう．パウリ(Pauli)のスピン方程式は次のように導かれる：表式 (13) に現れる $S(x_{i+1},x_i)$ のベクトルポテンシャルの相互作用項

$$\frac{e}{2c}(\boldsymbol{x}_{i+1}-\boldsymbol{x}_i)\cdot\boldsymbol{A}(\boldsymbol{x}_i)+\frac{e}{2c}(\boldsymbol{x}_{i+1}-\boldsymbol{x}_i)\cdot\boldsymbol{A}(\boldsymbol{x}_{i+1})$$

を次の表式

$$\frac{e}{2c}(\boldsymbol{\sigma}\cdot(\boldsymbol{x}_{i+1}-\boldsymbol{x}_i))(\boldsymbol{\sigma}\cdot\boldsymbol{A}(\boldsymbol{x}_i))+\frac{e}{2c}(\boldsymbol{\sigma}\cdot\boldsymbol{A}(\boldsymbol{x}_{i+1}))(\boldsymbol{\sigma}\cdot(\boldsymbol{x}_{i+1}-\boldsymbol{x}_i))$$

で置き換える．ここで $\boldsymbol{A}$ はベクトルポテンシャル，$\boldsymbol{x}_{i+1}$ と $\boldsymbol{x}_i$ は時刻 t_{i+1} と t_i での粒子の位置ベクトル，そして $\boldsymbol{\sigma}$ はパウリスピンのベクトル行列．いまや確率振幅 Φ は，$\prod_i \exp iS(x_{i+1},x_i)/\hbar$ と表現される必要がある[*9]．というのも，これは $S(x_{i+1},x_i)$ の和の指数関数とは異なるからである．それゆえ，いまや Φ はスピンの行列である．

同様にクライン-ゴルドン(Klein-Gordon)の相対論的な方程式を形式的に計算するには，第四の座標を導入して経路を指定する．"経路"はあるパラメーター τ についての四つの関数 $x^{(\mu)}(\tau)$ で指定されるとみなす．以前 t でそうしたように，ここではパラメーター τ はステップ ϵ に分解される．$x^{(1)}(t)$，$x^{(2)}(t)$，$x^{(3)}(t)$ は粒子の空間座標であり，$x^{(4)}(t)$ は対応する時刻である．ここで使うラグランジアンは

$$\sum_{\mu=1}^{4}{}' [(dx^\mu/d\tau)^2+(e/c)(dx^\mu/d\tau)A_\mu]$$

である．ここで A_μ は4元ベクトルポテンシャルで，$\mu=1,2,3$ についての項は符号を逆にして和を取る．もし τ に周期的に依存する波動関数を探すならば，これがクライン-ゴルドン方程式を満たすことを示すことができる．ディラック方程式はクライン-ゴルドン方程式で使ったラグランジアンを修正することから出てくるが，これはパウリ方程式で必要な非相対論的なラグランジアンの修正に類似したものである．直接出てくる結果は通常のディラック演算子

[*9]（訳注）スピンがない場合の Φ については式 (9) を参照．

の自乗である．

　スピンおよび相対論のここでの結果は純粋に形式的なものであり，これらの方程式の理解に何も加えるものはない．ディラック方程式を導く他の方法では，重要かつ美しいこの方程式について明瞭な物理的解釈を与えることが保証されている．

　筆者は H. C. Corben 教授と H. A. Bethe 教授の有益な助言に心から感謝します．J. A. Wheeler 教授には初期のこの仕事におけるとても多くの議論について謝意を表します．

付録2

量子力学におけるラグランジアン[*]

P. A. M. ディラック（ケンブリッジ，セント・ジョンズ・カレッジ）
(1932年11月19日 受取)

　量子力学は，古典力学のハミルトン形式との類似性を基礎として構築された．これは，正準座標および運動量の古典的な概念が量子力学において大変単純な類似概念を持つことが見いだされたためである．この結果として，これら古典的な概念の上に構築された体系である古典ハミルトン形式の全体が，その詳細まで量子力学に引き継がれたのである．

　現在古典力学の別の定式化としてラグランジアンによるものがある．これは座標と運動量の代わりに座標と速度を必要とする．二つの定式化はもちろん密接に関係するが，ラグランジュ形式がより基礎的であると信じる理由がある．

　まず，ラグランジュ形式ではすべての運動方程式を一緒に集め，これらをある作用関数の停留条件として表現することができる（この作用関数はラグランジアンの時間積分である）．ハミルトン形式では，これに対応するような座標と運動量での作用原理はない．次に，ラグランジュ形式の相対論的な表記は容易に得られる．これは作用関数が相対論的に不変であるためである．一方，ハミルトン形式は本質的に非相対論的である．というのも特定の時間変数をハミルトニアンの正準共役なものとして区別しているからである．

　これらの理由のため，古典力学のラグランジュ形式が量子力学において何と対応するかを問うことが望ましいように思われる．しかしながら，すぐにわかるように，古典的なラグランジュ方程式を直接的な方法で引き継がせることは

---

[*] 原論文は P. A. M. Dirac, *Physikalische Zeitschrift der Sowjetunion* **3** (1933) pp. 64-72.

望めない．これらの方程式はラグランジアンについての座標と速度の偏微分を含むが，そのような偏微分は量子力学では意味がない．量子力学の力学変数について微分演算が実行できるのはポアソン括弧の形式でのものであり，この演算がハミルトン形式に繋がる[1]*[1]．

それゆえ，我々の量子的なラグランジアンの理論は間接的なやりかたで模索しなければならない．古典的なラグランジュ形式の方程式ではなく，古典的なラグランジュ形式の思想を引き継ぐように試みなければならない．

正準変換

ラグランジュ形式は正準変換の理論と密接に関係している．それゆえ古典的な正準変換と量子的なものとの類似性の議論から始めることにする．二組の変数を p_r, q_r および P_r, Q_r ($r=1,2,\ldots,n$) と記し，q と Q はすべて独立だと仮定する．そのため力学変数の任意の関数はこれらで表現できる．よく知られたことだが，古典論ではこの場合の変換式は

$$p_r = \frac{\partial S}{\partial q_r}, \quad P_r = -\frac{\partial S}{\partial Q_r} \tag{1}$$

の形に書ける．ここで S は q と Q のある関数．

量子論では，ある表現では q について対角的なものを選んだり，もう一つの表現として Q について対角的なものを選んだりしてよい．二つの表現を結ぶ変換関数 $(q'|Q')$ があるはずである．以下ではこの変換関数が $e^{iS/\hbar}$ の類似概念であることを示す．

---

1) 行列についての偏微分の演算は M. Born, W. Heisenberg, and P. Jordan (*Zeitschrift für Physik* **35** (1926) p. 561) によって与えられたが，これらの演算は力学変数に関する微分の意味を与えるものではない．というのも，使っている表示と独立ではないからである．量子力学的な変数についての微分が関係する困難の例として，角運動量の三成分で

$$m_x m_y - m_y m_x = i\hbar m_z$$

を満たすものを考える．ここで m_z は m_x と m_y の関数として陽に表されているが，m_x や m_y についての偏微分の意味は与えることができない．

*[1] (訳注) ディラックは h を $\hbar$ の意味で断りなく記すことがしばしばあった (*The Collected Works of P. A. M. Dirac*, ed. R. H. Dalitz (Cambridge Univ. Press, Cambridge, 1995) に収録された論文を参照)．この原論文での h も，一般的には $\hbar$ と記されるべきものと考えられる．訳ではすべて $\hbar$ と改めた．

もし α が量子的な力学変数について任意の関数ならば，これは "交じりあった" 行列要素*2 $(q'|\alpha|Q')$ を持ち，それは通常の(交じりあいのない)行列要素 $(q'|\alpha|q'')$ と $(Q'|\alpha|Q'')$ によって，

$$(q'|\alpha|Q') = \int (q'|\alpha|q'')dq''(q''|Q') = \int (q'|Q'')dQ''(Q''|\alpha|Q')$$

と定義できる．最初の定義より

$$(q'|q_r|Q') = q'_r(q'|Q') \tag{2}$$

$$(q'|p_r|Q') = -i\hbar \frac{\partial}{\partial q'_r}(q'|Q') \tag{3}$$

が得られ，二番目の定義からは

$$(q'|Q_r|Q') = Q'_r(q'|Q') \tag{4}$$

$$(q'|P_r|Q') = i\hbar \frac{\partial}{\partial Q'_r}(q'|Q') \tag{5}$$

を得る．式 (3) と (5) での符号の違いに注意すること．

式 (2) と (4) の一般化は以下の通り．$f(q)$ を q の任意の関数，$g(Q)$ を Q の任意の関数とする．すると

$$(q'|f(q)g(Q)|Q') = \int\int (q'|f(q)|q'')dq''(q''|Q'')dQ''(Q''|g(Q)|Q')$$
$$= f(q')g(Q')(q'|Q')$$

である．さらにもし $f_k(q)$ と $g_k(Q)$ ($k=1,2\ldots,m$) がそれぞれ q と Q の関数の二組を記すのであれば

$$(q'|\sum_k f_k(q)g_k(Q)|Q') = \sum_k f_k(q')g_k(Q')\cdot(q'|Q')$$

である．ゆえにもし α が力学変数の任意の関数であり，これを q と Q の関数として "適切に順序付けられた" 方法，すなわち $f(q)g(Q)$ の形式の和から成るものとして表現するならば，

---

*2 (訳注) ディラックはこれを代表(representative)と呼んでいるが，ここではよく使われている用語を用いる．

$$(q'|\alpha(qQ)|Q') = \alpha(q'Q')(q'|Q') \tag{6}$$

となるだろう．これは極めて注目に値する式であり，演算子の関数である $\alpha(qQ)$ と数値を取る変数についての関数 $\alpha(q'Q')$ とを結びつけるものである．

この結果を $\alpha = p_r$ に適用する．次のように置いてみる：

$$(q'|Q') = e^{iU/\hbar}, \tag{7}$$

ここで U は q' と Q' の新しい関数．すると式 (3) から

$$(q'|p_r|Q') = \frac{\partial U(q'Q')}{\partial q'_r}(q'|Q')$$

が得られる．(6) と比較すると，演算子あるいは力学変数の方程式として

$$p_r = \frac{\partial U(qQ)}{\partial q_r}$$

が得られる．これは $\partial U/\partial q_r$ が適切に順序付けられたものであれば成立する．同様に結果 (6) を $\alpha = P_r$ に適用して (5) を使うと，$\partial U/\partial Q_r$ が適切に順序付けられたものであれば，

$$P_r = -\frac{\partial U(qQ)}{\partial Q_r}$$

が得られる．これらの式は (1) と同じ形であり，(7) で定義された U は古典的な関数 S に類似する．これが証明しなければならないものであった．

ちなみにここでは別の定理を同時に得た．すなわち式 (1) は，その左辺を適切に解釈し，微分する場合は変数を古典的に扱い，導関数を適切に順序付けられたものとみなせば，量子論でも成立する．この定理は別の方法でヨルダン (Jordan)[2] によって以前に示されたものである．

ラグランジアンと作用原理

古典論の運動方程式は次のように力学変数の変化をもたらす：任意の時刻 t での値 q_t と p_t は別の時刻 T での値 q_T, p_T と正準変換で結びつく．これを

---

[2] P. Jordan, *Zeitschrift für Physik* **38** (1926) p. 513.

(1) の形式に書くには $q, p=q_t, p_t$ かつ $Q, P=q_T, p_T$ として，S を T から t までのラグランジアンの時間積分と等しくする．量子論でも同様に q_t, p_t と q_T, p_T は正準変換で結びつき，q_t と q_T をそれぞれ対角的にするような二つの表現を結びつける変換関数 $(q_t|q_T)$ があるだろう．前節の結果から

$$(q_t|q_T) \text{ は } \exp\left[i\int_T^t Ldt/\hbar\right] \text{ に対応する} \tag{8}$$

ことが示される．ここで L はラグランジアン．もし T は t より無限小量だけ小さいとすると，

$$(q_{t+dt}|q_t) \text{ は } \exp[iLdt/\hbar] \text{ に対応する} \tag{9}$$

という結果が得られる．

式 (8) や (9) の中の変換関数は量子論において極めて基本的なものである．これらの変換関数がラグランジアンだけで表現可能な古典的な類似概念を持つことがわかり，とても納得できるものである．ここでは，よく知られた結果である波動関数の位相が古典論でのハミルトンの主関数に対応することの，自然な一般化を得たのである．類似関係 (9) が示唆することは，古典的なラグランジアンを座標と速度の関数ではなく，むしろ時刻 t での座標と，時刻 $t+dt$ での座標の関数とみなすべきであることである．

本節の以下の議論では簡単のため一自由度の場合を取り上げるが，この議論は一般の場合にも同様に適用される．記法として

$$\exp\left[i\int_T^t Ldt/\hbar\right] = A(tT)$$

を使うことで，$A(tT)$ が $(q_t|q_T)$ の古典的な類似概念だとする．

時間間隔 $T \to t$ を，途中の時刻の列 $t_1, t_2, ..., t_m$ を導入することで，たくさんの短い部分 $T \to t_1, t_1 \to t_2, ..., t_{m-1} \to t_m, t_m \to t$ に分解することを考える．すると

$$A(tT) = A(tt_m)A(t_m t_{m-1})...A(t_2 t_1)A(t_1 T) \tag{10}$$

が成立する．さて量子論では

$$(q_t|q_T) = \int (q_t|q_m)dq_m(q_m|q_{m-1})dq_{m-1}\ldots(q_2|q_1)dq_1(q_1|q_T) \qquad (11)$$

が得られる．ここで q_k は中間時刻 t_k での q を記す($k=1,2,\ldots,m$)．式 (11) は一見，式 (10) と対応しないように見える．なぜなら (11) の右辺では積を求めた後で積分しなければならない一方，(10) の右辺では積分がないからである．

t がとても小さい*3 とみなせる場合に式 (11) がどのようになるかを観察することでこの食い違いを調べてみよう．結果 (8) と (9) から，(11) の被積分関数は $e^{iF/\hbar}$ の形を取らなければならないことを見た．ここで，F は $q_T, q_1, q_2,\ldots q_m, q_t$ の関数であり，$\hbar$ がゼロに近づくにつれ有限に留まる．ここで中間の q の一つを q_k と記し，他を固定する一方で，これを連続的に動かすことを考えてみる．$\hbar$ が小さいので，$F/\hbar$ は極めて速く変化する．これが意味することは，$e^{iF/\hbar}$ がゼロの値の周辺をとても高い振動数で周期的に動くということである．結果として，積分は実質的にはゼロになる．ゆえに，q_k の積分領域で唯一重要なのは，比較的大きい q_k の変化が F についてとても小さい変動しか生みださないところである．この場所は，q_k の小さい変動について F が停留的な点の近傍である．

この議論は式 (11) の右辺にあるそれぞれの積分変数について適用でき，結果として，変動で F が停留的となるのが積分で重要な部分である．しかし短い時間の断片のそれぞれに式 (8) を適用することで，F の古典的に類似した対象が

$$\int_{t_m}^{t} Ldt + \int_{t_{m-1}}^{t_m} Ldt + \cdots + \int_{t_1}^{t_2} Ldt + \int_{T}^{t_1} Ldt = \int_{T}^{t} Ldt$$

であることがわかる．これは古典力学がすべての途中の q についての小さい変分について停留的であることを要求する作用関数である．以上は，$\hbar$ がとても小さくなるときに式 (11) が古典力学に転じる方法を示すものである．

ここで $\hbar$ が小さくない一般の場合に戻る．量子論と比較するために，式 (10) は以下のように解釈しなければならないことがわかる．それぞれの量 A は，

---

*3（訳注）「$\hbar$ がとても小さい」とすべき．

それが指し示す二つの時刻での q の関数とみなさなければならない. すると右辺は q_T と q_t だけでなく, $q_1, q_2, \ldots, q_m$ の関数である. これを q_T と q_t のみの関数にして等号を成り立たせるには, 作用原理で与えられる値を q_1, $q_2 \ldots, q_m$ に代入しなければならない. それゆえ中間の q の代入手続きは (11) でのすべての q の積分の過程に対応する.

以下の議論からより明確になるように, 式 (11) は作用原理の量子的な類似概念を含む. 式 (11) から引き出せる言明として (かなり自明なものであるが) もし q_T と q_t で特定の値を選ぶと, 中間の q の集合の値で重要だとみなされるものは, 右辺の積分での変数の組の値で重要だとみなされるものである. $\hbar$ を小さくしていけば, この言明は次のような古典的な言明に移行する. つまり, q_T と q_t を指定すると, 作用関数を停留的にしない中間の q の値を考慮しないでよい. この言明は古典的な作用原理を定式化する一つの方法である.

場の動力学への応用

多粒子系の古典論のラグランジュ形式における扱いの自然な一般化から, 振動する媒質の問題を扱うことができる. 座標として適当な場の量やポテンシャルを選ぶ. すると, それぞれの座標は空間と時間の四変数 x, y, z, t の関数であり, これは粒子の理論では一つの変数 t のみの関数であることに対応する. それゆえ, 粒子の理論での一つの独立変数 t を四個の独立変数 x, y, z, t に一般化する[3].

時空の各点でラグランジアン密度を導入する. これは座標と, それらの x, y, z, t についての一階微分の関数でなくてはならない. これは粒子の場合にラグランジアンが座標と速度の関数であることに対応する. 時空の任意の(四次元)領域上のラグランジアン密度の積分は, 境界の座標が不変であるかぎり, 境界内の任意の小さな変分に対して停留的でなければならない.

これらの量子的な類似概念が何でなければならないかは, いまや簡単にわか

---

3) 場の動力学の習慣では, 時間 t が同じでも座標 (x, y, z) の値が異なる場合には, 二つの異なる場の座標とみなす. 独立変数の領域において異なる二点の同じ座標の値とはみなさず, この方法で一つの独立変数 t の考えを保つことはしない. この立場はハミルトニアンでの扱いで必要であるが, ラグランジアンの方法では, 本文で採用された立場のほうが時空のより大きな対称性のために好ましいようである.

る．もし S が古典的なラグランジアン密度を時空のある領域で積分したものなら，粒子の場合の $(q_t|q_T)$ に対応する，$e^{iS/\hbar}$ の量子的に類似した対象がそこにあるべきだ．この $(q_t|q_T)$ はそれが対象とする時間間隔の両端の座標の値の関数である．したがって，$e^{iS/\hbar}$ の量子的な類似概念は時空領域の境界の座標の値の関数(実は汎関数)である．この量子的な類似概念はある種の"一般化された変換関数"である．しかし，一般化された変換関数は $(q_t|q_T)$ と違って動力学変数のある組と別の組との間の変換を与えるとは一般的には考えられない．すなわち，$(q_t|q_T)$ の四次元的な一般化として次のような意味を持つようなものである．

$(q_t|q_T)$ の合成則

$$(q_t|q_T) = \int (q_t|q_1) dq_1 (q_1|q_T) \tag{12}$$

に対応して，一般化された変換関数(generalized transformation function, 略して g.t.f.)は以下のような合成則を持つ．時空の与えられた領域を考えて，これを二つに分割する．すると，全体の領域の g.t.f. は二つの部分の g.t.f. の積を共有する境界での座標のすべての値を積分したものと等しいだろう．

式 (12) を繰り返し適用すると (11) が出てくるが，g.t.f. についての対応する法則を繰り返し適用すると同様に任意の領域の g.t.f. と，元の領域を分解して求まるような極めて微小な部分領域の g.t.f. が結びつけられるだろう．この関係は場に適用される作用原理の量子的な類似概念を含むだろう．

変換関数 $(q_t|q_T)$ の絶対値の自乗は，前の時刻 T での座標の観測が確実に結果 q_T であるような状態について，後の時刻 t での座標の観測が結果 q_t を与える確率だと解釈できる．g.t.f. の絶対値の自乗に対応する意味が存在するのは，g.t.f. が係わる時空の領域が二つの離れた(三次元的な)面で囲まれていて，かつ，それぞれの面が空間方向に無限に拡がり，面上に頂点を持つようなあらゆる光円錐について完全に外側にある場合である．すると，g.t.f. の絶対値の自乗は，前の面でのすべての点で確定した値が与えられた状態について，後の面でのすべての点で座標が指定された値を取る場合の確率を与える．この場合の g.t.f. は一方の面での座標と運動量の値と，もう一方の面でのこれらの値を結びつける変換関数だと考えられる．

$|(q_t|q_T)|^2$ の別の解釈として，時刻 T および t で q を測定した場合に，結果が q_T かつ q_t となる任意の状態の(前の観測が状態を変更し，後の観測に影響を及ぼす事実を考慮した上での)相対的な先験的確率を与えると考えることができる．同様に，任意の時空の領域に対する g.t.f. の絶対値の自乗が，境界における任意の点での座標を観測した場合に，得られる特定の結果の相対的な先験的確率を与えると考えることもできる．この解釈は前のものよりも一般的である．というのも時空の領域の形に制限がないからである．

訳者あとがき

　本書はファインマンの博士論文の日本語訳である．これはファインマンが1942年にプリンストン大学に提出したものであり，近年，Feynman's Thesis (L. M. Brown 編) として World Scientific 社から出版された (2005年)．ここでは本書の位置づけについて手短に述べる．より詳しい背景についてはブラウン氏による「序」を参照されたい．

　この博士論文の主題は，ファインマン自身が創始した経路積分量子化の方法である．ファインマンの代表的な業績の一つは量子電磁気学への貢献であるが，その土台にあるのが経路積分法である．現代でも，理論物理学の標準的な技法として経路積分は広く使われている．この博士論文は経路積分法が公になった最初の論文である．

　本書には付録として，経路積分法について歴史的に大きな役割を果たした二つの論文の日本語訳が収められている．付録1はファインマン自身によるもので，経路積分法の学術論文誌での最初の報告である (1948年)．この論文は経路積分法を物理学者に広く知らしめたものだ．付録2はディラックの1933年の論文である．ファインマンはこの論文に強く影響されて経路積分法を構築したとされ，ここには経路積分法の原型を見ることができる．

　こんにちでは経路積分法は多くの研究で欠かすことのできない基本的な技法であり，ファインマンの講義を基にした教科書[1]をはじめとして，よりモダンな解説や教科書を手にいれるのは容易である．とすると，読者の皆さんにとって本書の意義は何だろうか．

　ひとつは，経路積分法の創造の過程を追体験し，これを楽しむことにあるだろう．博士論文や付録1，そしてさまざまな教科書を比較することで，いかにして経路積分法が発展してきたかを見ることができる．この理論が形づくられていく段階をつぶさに見ていくことで，経路積分法そのものだけではなく，むしろ，量子論や物理学の方法について読者が深く理解していく助けにもなれば

と思う．

　とりわけ博士論文からは，きれいに整備された教科書では見ることのできない，経路積分や量子論にまつわる試行錯誤を含んださまざまな考察を読みとることができる．また，付録1の導入部では，ファインマンならではの確率振幅の説明が凝縮した形で見られる．これはファインマン物理学[2]などで見られるようなファインマンによる量子論の説明の原型ではないだろうか．

　読者は博士論文と付録1を比較するだけでも多くのことに気がつくだろう．これらの論文の関係については，本書の「序」で引用されているファインマンの説明のとおり（10ページ），大筋ではどちらも同じ主題である．しかし実際にはかなり違った流れで経路積分が導入されている．例えば，「経路に割りあてられた確率振幅」は経路積分法の中心となる概念だが，これは博士論文には見あたらず，付録1の論文で初めて公となった．同様のこととして，博士論文では「遷移振幅」の式はあってもその用語が導入されていない．この二つの論文のあいだでファインマンがどのようにして経路積分についての考察を深めていったかを考えてみることは興味深いことだろう．

　本書は，入門的な量子力学とこれに必要な解析力学に触れたことがあれば十分に読み進めていくことができる．ただし，博士論文の序論は，経路積分量子化の動機づけとなったホイーラー–ファインマン流の電磁気学の議論があって難しいかもしれない．この点はBrown氏による「序」を見てほしい．また，博士論文の序論では光子の実在性について触れられているが，この問題については文献[3]が参考になるだろう．

　翻訳については，なるべく原論文の表現を尊重するようにした．式については，それぞれの原論文のスタイルに合わせるようにした．

　最後ではあるが，岩波書店の吉田宇一さんには翻訳をすすめる上でお世話になった．ここにお礼を申しあげたい．

文献

[1] R.P. ファインマン，A.R. ヒッブス：量子力学と経路積分（北原和夫訳，みすず書房，1995）．

[2] ファインマン，レイトン，サンズ：量子力学，ファインマン物理学 V（砂川重信

訳, 岩波書店, 1979).
[3] ジョージ・グリーンスタイン, アーサー・G. ザイアンツ：量子論が試されるとき(森弘之訳, みすず書房, 2014), 第2章.

訳　者

索　引

ア 行

運動エネルギーの汎関数　106
運動の定数　28, 53
運動方程式　45
エネルギーの保存　25
遠隔相互作用の理論　18
演算子の順序　105

カ 行

確率振幅　79
期待値　59
強制調和振動子　63
行列要素　99
行列要素の計算　43
経路　83
経路の確率　83
経路の確率振幅　84
経路の寄与　86
交換関係　47
古典作用　23

サ 行

最小作用　37
最小作用の原理　8, 24
作用(積分)　7, 51, 86
作用原理　120
時間順序　46, 105
実験　89
シュレーディンガー方程式　12, 42, 90
振動子　30
正準変換　118
遷移確率　55
遷移振幅　100

遷移要素　101

タ 行

定常位相の方法　99
停留的　11, 39, 122
等価(遷移要素について)　103
統計力学　114
トレース　58

ナ 行

ニュートン方程式　103

ハ 行

波動関数　53, 87
ハミルトニアン汎関数　108
ハミルトニアンを持たない作用汎関数　51
ハミルトン的ではない作用原理　36
ハミルトンの原理　99
ハミルトンの主関数　38
ハミルトン-ヤコビ方程式　110
汎関数　21
汎関数微分　22
非相対論　77
フェルマーの最小時間の原理　96
ブラウン運動　95
平均　44
ベクトルポテンシャル　95
変換関数　11, 38, 118, 121
ホイヘンスの原理　96

ラ 行

ラグランジアン　38, 86, 117
リーマン和　12, 43

編者

ローリー・ブラウン（Laurie M. Brown）
ノースウェスタン大学名誉教授．1951年コーネル大学でPh.D.取得．ファインマンの指導を受ける．専門は素粒子論．

訳者

北原和夫
1969年東京大学理学部物理学科卒．現在，東京理科大学教授．東京工業大学および国際基督教大学名誉教授．専門は統計力学，科学教育．

田中篤司
1991年東京工業大学応用物理学科卒．現在，首都大学東京物理学教室助教．専門は理論物理学．

ファインマン 経路積分の発見
　　　　　　　　　　　　ローリー・ブラウン編
　　　　　2016年3月17日　第1刷発行

　　訳　者　北原和夫　田中篤司
　　発行者　岡本　厚
　　発行所　株式会社　岩波書店
　　　　　　〒101-8002 東京都千代田区一ツ橋2-5-5
　　　　　　電話案内　03-5210-4000
　　　　　　http://www.iwanami.co.jp/

　　印刷・法令印刷　カバー・半七印刷　製本・牧製本

　ISBN978-4-00-005330-3　　Printed in Japan

――――― ファインマン物理学（全5冊）―――――
B5判 並製

ファインマン，レイトン，サンズ

I	力　　　　学	坪井忠二訳	本体 3400円
II	光・熱・波動	富山小太郎訳	本体 3800円
III	電 磁 気 学	宮島龍興訳	本体 3400円
IV	電磁波と物性〔増補版〕	戸田盛和訳	本体 3800円
V	量 子 力 学	砂川重信訳	本体 4300円

ファインマン流 物理がわかるコツ〔増補版〕	ファインマン／ゴットリーブ／レイトン　戸田盛和／川島協 訳	A5判 230頁　本体 2800円
物理法則はいかにして発見されたか	ファインマン　江沢洋訳	岩波現代文庫　本体 1300円
光と物質のふしぎな理論 ――私の量子電磁力学――	ファインマン　釜江常好／大貫昌子訳	岩波現代文庫　本体 1000円

――――― 岩波書店刊 ―――――

定価は表示価格に消費税が加算されます
2016年3月現在